MANUEL POPULAIRE D'AGRICULTURE.

SE TROUVE :

Chez Barbier, imprimeur, place Henri-Quatre, à Argentan ;

Et chez tous les libraires de l'arrondissement.

PRIX : 1 fr. 25 c.

MANUEL
POPULAIRE
D'AGRICULTURE,

A L'USAGE

des Cultivateurs de l'arrond[t] d'Argentan,

AVEC

Tableaux statistiques de chaque canton,

PUBLIÉ SOUS LE PATRONAGE

de l'Association normande,

PAR

M. DE VIGNERAL,

Vice-président du Comice agricole de l'arrondissement d'Argentan.

ARGENTAN,

Imprimerie de BARBIER, place Henri IV.

— 1848 —

Aux cultivateurs.

Les occupations du cultivateur ne lui laissent guère le loisir de lire et d'étudier les nombreux ouvrages publiés sur l'agriculture, et de choisir, parmi les principes généraux, ceux qui conviennent à son exploitation.

Le but que l'on se propose est de présenter un résumé des connaissances élémentaires, qui peuvent être, pour tous, d'une application facile et avantageuse.

Dans ce travail, on s'occupera de la composition du sol arable et du sous-sol, des engrais, des amendements, des labours, des instruments aratoires, des assolements, des diverses espèces de récoltes, des races d'animaux domestiques, de l'ensemble des moyens à employer pour éviter une perte de temps et des sacrifices d'argent irréparables.

Chaque canton sera traité séparément ; l'on agglomèrera les communes selon la ressemblance de la composition du sol, afin que chaque cultivateur, en cherchant le nom de son village, trouve les renseignements les plus utiles, exprimés dans des termes qui entrent communément dans son langage.

CONSIDÉRATIONS GÉNÉRALES

SUR

l'Arrondissement d'Argentan.

L'arrondissement d'Argentan, par son étendue, la diversité de son sol et les montagnes qui le partagent, offre, dans son détail, de grandes différences dans les cultures et l'industrie de ses habitants.

Malgré la fertilité de ses terres, on est loin d'obtenir des produits abondants dans certains cantons, surtout dans ceux de la plaine.

Dans les cantons où les prairies naturelles occupent une grande partie du sol, la propriété, moins divisée, s'est trouvée entre les mains de propriétaires plus aisés, que leurs relations commerciales ont éclairés sur les améliorations à introduire dans la tenue de leurs herbages, le choix des races d'animaux qui les paissent.

Dans la plaine, le morcellement de la propriété, le manque de capitaux, l'absence de bons exemples, ont rendu l'agriculture au moins stationnaire.

Depuis quelques années il y a progrès ; mais, pour entrer complètement dans une voie profitable, il faudra modifier les assolements, perfectionner les instruments de culture, améliorer les engrais par une meilleure disposition des fumiers, propager l'emploi assez rare des amendements, prolonger la durée des baux et en changer les conditions qui ne sont plus en rapport avec une pratique éclairée.

Malgré ces conditions d'infériorité, le revenu brut est plus élevé que dans beaucoup d'autres départements, ce qui prouve la fertilité du territoire, les résultats que l'on doit attendre lorsque les améliorations de l'agriculture, qui ne sont encore que très-partiellement introduites, seront généralisées.

Les habitants de l'arrondissement, presque tous occupés aux travaux des champs, se font remarquer par des mœurs douces et un caractère facile. L'instruction qui se répand chaque jour dans nos campagnes viendra en aide au zèle des ministres de la religion, et sous cette double influence de l'intelligence et de la morale chrétienne, nous verrons disparaître les hommes que la sagesse des lois sépare de la société dont ils menacent la sécurité.

Les diverses industries qui sont répandues dans l'arrondissement n'ayant point une influence générale sur l'agriculture, on ne les indiquera ici que sommairement.

Les produits minéralogiques de l'arrondissement consistent en marne, granit, pierre de taille, fer, poterie, verre.

Les produits végétaux et animaux sur lesquels l'industrie manufacturière opère sont : les bois de construction, le lin, les chanvres, les cuirs et les laines.

De la connaissance du sol.

La connaissance du sol est indispensable au cultivateur qui veut gouverner avec intelligence les terres consacrées à la culture. Le sol est considéré comme la nourrice de la végétation, préparant les matières nutritives et les disposant à être absorbées par les racines.

Chaque sol veut sa culture et ses amendements ; nous possédons des principes généraux, mais l'agriculture est avant tout une science de localité.

Les qualités du sol varient en raison de la nature et de la décomposition des couches géologiques qui ont contribué à sa formation, de l'influence qu'exerce la couche inférieure ou sous-sol, des labours, des amendements.

En dehors de sa constitution primitive, la terre arable se modifie sans cesse, soit en s'améliorant par le travail, soit en se détériorant par la négligence.

Les soins du cultivateur seront donc dirigés vers ce but d'entretenir ses champs dans un état d'équilibre qui donne aux plantes cultivées les aliments qui leurs sont nécessaires : les uns proviennent de la terre elle-même, les autres des substances organiques provenant de la décomposition des animaux et des végétaux.

La nature et l'état du sol influent sur le choix des assolements ou successions de cultures que l'on peut appliquer à la terre. On doit choisir, pour chaque espèce de sol, les plantes qui peuvent y donner les produits les plus abondants.

Les terrains propres à la culture offrent des variations très-nombreuses dans leur nature, leur composition et leurs qualités, mais ils doivent tous réunir en général les conditions suivantes :

1° Être assez divisés pour que les racines les pénètrent facilement, assez pesants pour que les vents ne puissent enlever les tiges ébranlées ;

2° Être perméables aux eaux pluviales, et conserver l'humidité à une certaine profondeur ;

3° Avoir une couleur jaunâtre ou brune pour s'échauffer aux rayons du soleil et présenter aux plantes une chaleur humide, circonstances qui excitent la végétation ;

4° Renfermer de l'argile, du sable et de la chaux en

proportion convenable pour que les caractères précédents puissent être réunis ;

5° Avoir les propriétés précédentes à une profondeur égale à celle que les racines des plantes cultivées peuvent atteindre ;

6° Il faut enfin que la couche arable, cultivée ou susceptible de l'être, ne repose point sur un sol imperméable à l'eau.

Composition des terres arables de l'arrondissement.

Les terres arables de l'arrondissement peuvent être divisées en trois classes :

1° Terres argileuses plus ou moins compactes, celles dont l'argile forme la plus grande partie et que nous désignons dans le langage ordinaire par le nom de terres fortes, noires ou franches, ou bonnes terres ;

2° Les terres sableuses, qui viennent se placer après les terres franches, dont elles diffèrent parce que la proportion du sable calcaire ou silicieux qu'elles contiennent, l'emporte sur l'argile, et que nous désignons par le nom de petites terres ;

3° Terres calcaires et graveleuses, celles où le sable forme presque les deux tiers de la composition élémentaire et qui sont plus ou moins ingrates à cultiver, selon que l'argile qui s'y rencontre leur donne plus d'adhérence ou de facilité pour retenir l'eau.

Les terres graveleuses, que nous nommons terres légères, plus poreuses encore que les terres sableuses, sont exposées à être brûlées, selon l'expression commune, à cause de leur facilité à laisser échapper l'humidité ; leur composition est très-variable ainsi que l'épaisseur de leur couche ; on les appelle mauvaises terres. Ces terres se subdivisent en un assez grand nombre de variétés, d'après la proportion dominante de l'une ou de plusieurs des parties qui les constituent.

Quelle que soit la composition du sol arable, sa valeur dépend beaucoup du sous-sol ou de la couche qui se trouve immédiatement au-dessous de la terre cultivée.

Du sous-sol.

L'influence du sous-sol sur les qualités des terres et le parti que l'on peut en tirer pour l'amélioration du sol, lorsqu'il est de nature à corriger ses défauts, méritent une attention particulière.

Les sous-sols sont propres à retenir l'eau ou perméables.

Les sous-sols qui retiennent l'eau consistent en argile, en marne, en couches de pierres de diverses espèces.

Un sous-sol argileux qui retient l'eau est fort nuisible; le sol de la surface se laboure avec difficulté ; la terre, semblable à une bouillie, ne peut favoriser la végétation; les engrais produisent peu d'effets, et ces terrains ne peuvent être ressuyés que par une longue évaporation.

Ailleurs un sous-sol argileux est d'une utilité réelle sous un sol sablonneux, en retenant l'humidité en quantité suffisante pour réparer les pertes qui se font par l'évaporation. Dans certains cas il est facile d'amender les terrains sableux en ramenant à la surface une couche d'argile, et en donnant un labour profond.

Lorsqu'un sol repose sur une couche de pierre ou de roche, il se dessèche plus promptement par l'évaporation que lorsqu'il repose sur un lit d'argile.

Lorsque le sous-sol est marneux ou calcaire et que la couche supérieure n'offre point des traces de chaux, on obtient une amélioration surprenante et durable par un défoncement successif.

Le terrain qui recouvre le granit et les roches indécomposables que la charrue ne pourrait entamer, comme le schyste, qui se délite facilement, ne peut s'améliorer qu'en y transportant de la terre végétale.

Un sous-sol perméable présente de l'avantage, il absorbe l'humidité surabondante.

Au-dessous d'un terrain argileux ou glaiseux, si la couche est assez épaisse, il produit un sol éminemment fertile, qui ne souffre jamais de l'humidité, favorise l'action des engrais, conserve les semences, hâte leur germination et assure le développement futur des plantes.

Lorsqu'un terrain sableux ou graveleux repose sur une couche inférieure de sable ou de pierre, il est fortement exposé aux sécheresses. Parfois, à une certaine profondeur, le sable prend de la consistance, l'humidité se conserve et le sol est moins stérile.

Des engrais.

On désigne sous le nom d'engrais les divers débris des animaux et des végétaux dont la décomposition peut fournir des engrais liquides ou gazeux, propres à la nutrition des plantes.

Les débris des végétaux et des animaux, dans leur décomposition, élèvent la température, laissent dégager ou dissoudre plusieurs composés de leurs nouveaux éléments.

Les engrais les meilleurs pour chaque genre de plantes sont ceux provenant directement de ces plantes, c'est-à-dire, soit de leurs détritus, de leurs cendres, ou les fumiers des animaux qui s'en nourrissent habituellement.

On distingue différents engrais :

1° Les engrais végétaux que l'on obtient, soit par l'enfouissement des récoltes vertes, soit en recueillant les parties mortes et desséchées des plantes, soit ceux produits par les graines, surtout les marcs des graines oléagineuses, particulièrement les tourteaux ;

2° Les engrais provenant directement des animaux, le sang, la chair, la laine, la matière fécale, le noir animalisé, le guano ;

3° Les engrais mixtes ou les fumiers composés des substances végétales, mélangées aux déjections solides et liquides des animaux.

La richesse du fumier des animaux est toujours proportionnée à la qualité et à l'abondance de leur nourriture. Celui qui est donné par des animaux à l'engrais vaut moitié mieux que celui des bêtes maigres.

Division des fumiers.

On divise les fumiers en deux classes, les fumiers chauds et les fumiers froids.

Les fumiers des chevaux, des moutons sont considérés comme fumiers chauds ; ils résultent d'une alimentation en grains et en fourrages secs.

Le fumier des vaches est froid, parce qu'après la saison des herbages, leur nourriture se compose le plus souvent de betteraves, de pommes de terre ou de résidus de fabriques.

On les distingue ensuite en deux espèces :

1° les fumiers longs, qui n'ont éprouvé qu'un léger commencement de fermentation, font beaucoup de volume et durent longtemps ;

2° Les fumiers courts ou gras, dont la décomposition est très-avancée, qui se coupent à la bêche, dont l'action est immédiate mais dure peu.

Les cultivateurs doivent faire une grande attention à ces différences, pour faire un emploi judicieux et profitable de leurs engrais.

En outre de leur composition relative à celle des plantes, ils prendront en considération leur chaleur et leur degré de décomposition.

Aux terres froides, grasses, argileuses, conviennent les fumiers chauds et longs, qui agiront tout à la fois mécaniquement et onctueusement.

Aux terres sèches, légères, sableuses, les fumiers courts ou gras ; pour les obtenir, les pailles ont éprouvé une décomposition presque complète, l'engrais a perdu une partie de ses gaz nourriciers, l'effet est de courte durée.

Dans ces terres il est plus avantageux de fumer souvent et à petites doses, car l'engrais qui n'a pas servi immédiatement à la végétation se trouve dissipé dans l'atmosphère en se résolvant en gaz, ou entraîné dans les couches profondes par la pluie.

Dans les terres d'une grande consistance, l'emploi du fumier long est préférable, parce que, dans sa lente décomposition, il dépose successivement au profit de plusieurs récoltes les sucs nourriciers.

Dans les cours de fermes, les fumiers sont ordinairement mélangés, l'un corrige les défauts de l'autre; mais dans certains cas il est avantageux de les séparer, afin de maintenir ou de rétablir l'équilibre de la terre végétale.

Ce sont ces fumiers mélangés, encore longs, qui conviennent particulièrement aux terres franches en raison de leur tenacité; quelques unes de ces terres ont autant besoin d'être divisées que fumées, pour donner aux plantes la liberté et la nourriture nécessaires à leur développement.

Dans un pays de bonne culture la fumure doit être de 50,000 kilog. par hectare. Dans la Flandre on fume ainsi et les blés ne versent pas,

On a l'usage de conduire dans les terres la totalité des fumiers dont on peut disposer et de ne les enfouir que lorsque la dernière voiture est enlevée; il en résulte que la partie la plus énergique du fumier, l'ammoniaque, se perd par l'évaporation, lorsque le fumier reste exposé à l'action de l'air et du soleil.

Les cultivateurs soigneux évitent cette déperdition en faisant étendre et enfouir leurs fumiers à mesure qu'ils sont transportés.

Les engrais tels que le tourteau de colza, le guano, le sang, les urines, sont employés pour suppléer à l'insuffisance des fumiers. Le tourteau de colza est le plus facile à se procurer; on l'emploie de préférence sur les terres moins consistantes.

Des amendements.

Les amendements bien appropriés portent avec eux, sur les sols, les qualités qu'ils n'ont pas.

Les principaux sont : la chaux, la marne, les cendres, le plâtre, les substances salines, les amendements par le mélange des terres.

Dans toutes les bonnes terres plus ou moins argileuses et les sols qui contiennent peu ou point de principe calcaire, l'emploi des amendements où il se rencontre développe leur fertilité.

La chaux.

La chaux agit sur le sol en le divisant, en le soulevant ou le rendant accessible à l'influence de l'atmosphère et, par conséquent, en le réchauffant, en facilitant son assèchement.

La chaux doit être employée en quantité suffisante, selon la nature et la fertilité du sol.

Il faut connaître la qualité de la chaux, qui varie selon qu'elle est pure ou mélangée de silice, d'argile et de magnésie,

On la dispose généralement en tombe dans la proportion de moitié terre et moitié chaux, cette manière est reconnue la meilleure.

L'emploi de la chaux avec le fumier est une pratique funeste, car elle rend l'ammoniaque caustique et volatile; on ne doit jamais les employer en même temps.

La marne.

La marne est un composé de carbonate de chaux et d'argile, qui offre une composition très-variable. Les effets de la marne sur le sol ressemblent à ceux de la chaux, mais ils sont moins énergiques.

Le but du marnage est de donner au sol la qualité et les avantages des sols calcaires; elle est peu employée dans quelques cantons; elle est plus usitée dans d'autres ou le sol est plus compacte; on l'emploie dans des proportions considérables; elle agit alors mécaniquement sur les sols qu'elle assainit et féconde en les divisant.

Des cendres.

Les cendres ou la charrée ameublissent les sols argileux et donnent de la consistance aux sols légers, elles favorisent plus encore la production du grain que celle de la paille.

On les emploie avec avantage sur les prés et les pâturages.

L'union du fumier avec les cendres double réciproquement leur action et accroît la fécondité naturelle du sol.

Il est assez difficile de s'en procurer de bonnes, leur couleur rendant la fraude très-facile.

On emploie la charrée seule dans les proportions de 20 à 30 hectolitres par hectare, et mélangée au fumier de douze à 20 hectolitres.

Du plâtre.

Le plâtre ou sulfate de chaux est un composé dont les effets sur le sol se distinguent de tous les autres par sa puissance.

Il exerce surtout son influence sur les plantes légumineuses, la luzerne, le sainfoin, le trèfle, les vesces, les pois et les fèves. Ces plantes contiennent beaucoup de sulfate de chaux, et l'effet du plâtre sur leur végétation dépendrait du besoin qu'elles en ont dans leur composition.

Le plâtre produit d'excellents effets sur tous les sols, mais plus particulièrement sur les terrains légers.

On l'emploie dans des proportions qui varient de 250 à 500 kilog. par hectare.

Lorsqu'on le répand sur les plantes, on doit choisir un temps humide ou pluvieux. Par un temps sec, froid, ses effets sont à peine sensibles ; comme il faut une grande quantité d'eau pour le rendre convenable à la nourrirure des plantes, quelques praticiens préfèrent le semer au commencement de l'hiver.

Des substances salines.

L'influence du sel pour l'amendement des terres est généralement appuyée par des faits nombreux.

On peut en conclure, dès aujourd'hui, que le sel marin est d'une grande utilité pour activer la fertilité des terrains humides, qu'il est inutile et peut même nuire à la végétation dans des terrains secs et élevés.

En 1846, sous l'influence de la sécheresse, le sel marin, de même que toutes les matières salines minérales soumises à l'expérimentation, n'a produit qu'un résultat insignifiant.

Écoutons M. Éric de Béru, propriétaire-cultivateur du département d'Ile-et-Vilaine :

« J'ai répandu sur 50 ares de froment de printemps 75 kilog. de semence et 75 kilog. de sel.

« En 1838, l'hiver m'ayant gâté un champ de 5 hectares de froment, je le croyais perdu, j'y répandis du sel et je le hersai, et je récoltai un froment de qualité superbe.

« Deux litres de sel semé sur un are d'avoine noire m'ont procuré, au milieu d'un champ de 5 hectares, 40 centimètres de hauteur et du grain à proportion en plus que dans les autres parties du champ.

« Un champ de 5 hectares qui a reçu pour 270 francs de sel il y a 7 ans, donne encore plus que les autres, et du grain tellement supérieur en qualité, que je le garde pour semence. »

Son utilité pour la nourriture des bestiaux est encore incontestablement reconnue.

Nous reviendrons plus tard sur cette importante question.

Des ameuvements par le mélange des terres.

Pour les bonnes terres, l'emploi de la chaux ou de la marne, lorsqu'elles sont légèrement argileuses, suffit pour modifier les propriétés du terrain, lorsque le sous-sol ne présente pas les qualités nécessaires pour l'améliorer et que l'on est obligé d'aller au loin chercher les amendements calcaires ou argileux. Cette opération, souvent dispendieuse, exige le concours du propriétaire, à moins que le fermier ne soit assuré par son bail d'une jouissance assez longue pour l'indemniser de son travail.

Des labours.

La fécondité de la terre dépend de la perfection du labourage.

Les labours doivent ameublir le sol, le nettoyer, l'assainir et augmenter la couche végétale.

1° L'ameublissement du sol est nécessaire pour faciliter le développement des racines, mélanger et rapprocher les engrais répandus autour d'elles, et rendre plus énergique l'action de l'air, de la chaleur et de l'eau.

2° La propreté ou l'absence des mauvaises herbes est une des conditions de la fertilité de la terre. On obtient ce résultat par une succession intelligente de jachères, de plantes sarclées, et de plantes fauchées au vert.

Sans une propreté absolue, la terre ne peut atteindre un degré de fertilité satisfaisant ; elle exige plus de travail et d'engrais.

3° Les labours, dans les circonstances ordinaires, peuvent suffire à l'assainissement du sol, en facilitant dans les terres fortes l'infiltration des eaux au-dessous de la couche où se forment les plantes.

Les terres légères, sablonneuses ont également besoin d'un labour profond pour conserver le plus longtemps possible l'humidité qu'elles ont absorbée et mettre les plantes en état de résister à la sécheresse.

En un mot, les labours profonds dessèchent les terres mouillées, il conservent la fraîcheur dans les terres légères : donc ils sont toujours avantageux. J'ajouterai encore que rien n'est plus utile qu'un bon labour dans le mois de décembre, que la terre soit forte ou légère.

Dans beaucoup de circonstances il est avantageux de mélanger le sous-sol à la terre fertile (voyez sous-sol). Presque toujours on peut le faire sans inconvénients, pourvu que l'on n'enlève qu'une petite épaisseur du sous-sol.

On ne doit jamais faire de labours profonds pour la semaille des grains, mais bien lorsqu'on laboure à l'automne les terres destinées à recevoir les semailles de printemps, particulièrement les plantes à racines pivotantes, la betterave, la carotte, le navet, ou dans le premier labour de jachère.

Lorsqu'on approfondit le sol, on doit employer la chaux pour détruire les substances nuisibles, et on doit mettre une certaine proportion entre la profondeur du labour et la quantité d'engrais qu'on y répand.

Des labours en planches ou sillons.

Le meilleur labour est celui qui se rapproche le plus du travail de la bêche.

On distingue trois espèces de labours : labour à plat ou en planches, le labour en planches-sillons, le labour en sillons. Ce dernier mode est le plus en usage, et cependant le labour en planches-sillons le remplacerait avantageusement dans presque toutes les terres de l'arrondissement ; car, s'il est incontestable qu'il ne peut y avoir de bonne culture sans labours profonds, les planches-sillons sont plus avantageuses que les sillons.

L'usage de la planche en sillons est adopté dans des terrains beaucoup plus compactes que le nôtre, et cette façon est reconnue supérieure aux sillons ordinaires pour l'écoulement des eaux.

Des inconvénients du labour en sillons.

Les plantes sarclées ne peuvent recevoir un labour assez profond ni être semées en lignes.

Dans les temps de sécheresse, l'eau coule rapidement sur le sol et ne peut le pénétrer.

Dans les terres sujettes au déchaussement, le sillon augmente encore cette fâcheuse disposition, et vous ne pouvez employer utilement le rouleau pour raffermir la terre, recouvrir les racines des plantes, diminuer les effets de l'évaporation, les hersages sont plus difficiles et manquent souvent d'énergie pour détruire les mauvaises herbes.

Il y a autant de récoltes sur les planches que dans les sillons, parce que les tiges des plantes se dirigent en ligne droite de la terre vers le ciel et qu'elles ne sont pas placées en tous sens sur la courbure des sillons.

Des avantages des planches sur les sillons.

L'écoulement des eaux que l'on cherche à se procurer par les rigoles des sillons, s'obtient d'une manière plus parfaite au moyen des raies que l'on trace sur les labours à plat après avoir accompli la semaille et auxquelles on donne la tendance la plus directe à l'écoulement des eaux.

Les sols labourés à plat ou en planches-sillons [1], conservent une égale répartition de la terre végétale; la terre remuée se trouve partout de la même épaisseur et le fumier également distribué.

Ces labours permettent l'usage de la semaille à la volée, et, comme les labours ont lieu à l'avance, on recouvre le grain avec la herse ou l'extirpateur, opération quatre ois plus prompte que la charrue.

On évite ainsi les mauvais temps qui contrarient les semailles de la fin d'octobre et de novembre, qui sont souvent manquées parce qu'elles ont été faites dans la boue.

Si on remplaçait les sillons par les planches, l'ensemencement aurait toujours lieu dans le moment le plus favorable.

Tous les instruments, tels que le rouleau, la herse, l'extirpateur, la houe à cheval, le butoir, le semoir, qui

---

[1] Nous avons employé le mot PLANCHES - SILLONS, au lieu du terme technique PLANCHES BILLONS, pour nous faire mieux comprendre.

économisent le travail des bras, font vite et mieux, ne s'emploient avec facilité que sur les labours en planches.

La culture en planches permet l'introduction de la semaille en ligne au moyen du semoir.

Du semoir.

Les succès obtenus ne laissent point de doutes aujourd'hui dans l'esprit des cultivateurs éclairés qui ont adopté cet instrument ; nous espérons le voir bientôt fonctionner chez nous, l'on pourra comparer et apprécier par soi-même. L'emploi du semoir permet l'économie du quart de la semence ; dix millions d'hectolitres vont aujourd'hui se perdre inutilement dans la terre au lieu d'être livrés à la consommation.

Cette économie suffirait à elle seule pour nous mettre à l'abri d'une disette, car jamais le déficit des récoltes ne s'élève à huit millions.

C'est en présence des souffrances de la France que l'on doit faire un appel aux agriculteurs, ils comprendront l'importance de la propagation de la culture en lignes au moyen du semoir.

Des charrues.

Il y a fort peu de différence entre les charrues employées dans l'arrondissement ; on ne les désigne par aucun nom.

Les cultivateurs devraient les remplacer par les charrues nouvelles, qui exigent moins de force pour ouvrir un sillon de même largeur et de même profondeur.

Les charrues ordinaires du pays présentent un grand défaut ; le point de l'avant-train où sont fixés les traits des chevaux, est situé au-dessus de la ligne droite qui va de leurs épaules au point du soc où se trouve le centre de la résistance.

Le point d'attaque forme donc un angle avec les épaules des chevaux et le point de résistance.

Il y a décomposition de la force de traction et il faut une augmentation d'efforts pour la remplacer.

Les charrues sans avant-train, ou à avant-train perfectionné, offrent, sous ce rapport, une incontestable supériorité.

Dans les charrues sans avant-train, le tirage est plus direct; mais la difficulté de les tenir en raie dans les terrains rocailleux et compactes lui fait souvent préférer la charrue à avant-train dans ces sols, où l'appui de la flèche (ou haie) est nécessaire à la régularité du labour.

De l'extirpateur.

L'extirpateur, au moyen de ses socs, soulève, divise la terre sans la retourner, déracine les mauvaises herbes; pénétrant à une profondeur de trois ou quatre pouces, il sert à donner des labours superficiels.

On l'emploie pour les semailles d'automne et de printemps, lorsque la terre a été préparée par de précédents labours : car, outre l'économie du temps et du travail, on a remarqué que le blé, semé ainsi, était moins sujet à être déchaussé par les gelées d'hiver.

De la herse.

La herse s'emploie pour ameublir la terre en brisant les mottes faites par le labour, et pour recouvrir la semence.

Pour les sillons on se sert de herses trop petites et trop légères pour obtenir un grand succès de leur emploi.

Sur les labours à plat ou en planches-sillons, elles varient de grandeur selon les circonstances.

Dans les herses modernes on a donné aux dents la forme de coutres; cette disposition permet de faire des hersages légers ou profonds, selon qu'on attache les traits, de manière que les dents avancent la pointe en avant ou dans le sens contraire.

La herse quadrangulaire de M. de Valcourt a été adoptée à Roville par M. Mathieu de Dombasle, comme une des plus parfaites.

Le rouleau.

Le rouleau vient en aide à la herse pour briser les mottes, et le guéret le plus dur s'ameublira en passant tour-à-tour un rouleau pesant, une bonne herse.

Dans ce cas on emploie avec succès le rouleau dit brise-mottes, parce qu'il est armé d'un grand nombre de dents en bois carrées, longues 17 centimètres et de 5 centimètres d'équarrissage.

Plus le rouleau est court, plus son action est énergique ; dans les terres légères il rechausse les plantes, affermit le sol, diminue les effets de l'évaporation.

On ne saurait trop en recommander le fréquent usage. Un sage dicton enseigne que le rouleau *engraisse le sol.*

De la houe à cheval.

La houe à cheval est une espèce de herse qui s'ouvre et se ferme à volonté et dont on se sert pour sarcler entre les lignes des plantes. Cet instrument abrège le travail du binage.

Le buttoir.

Le buttage est une opération très-importante.

La perfection du buttage consiste à amonceler autour de la plante une butte de terre qui, sans recouvrir le feuillage, soit aussi élevée que possible.

Le buttoir à la forme d'une petite charrue à double versoirs, qui s'ouvrent et se referment à volonté. Au premier buttage on doit ouvrir les versoirs et prendre peu de profondeur, au buttage suivant on resserre les versoirs pour faire piquer l'instrument à une plus grande profondeur.

De la jachère.

La jachère est employée comme le moyen le plus efficace de mettre ou de maintenir le sol dans cet état de propreté qui est une des conditions de sa fécondité.

La terre a besoin de repos pour préparer les principes qui viennent d'elle et que la fumure la plus abondante ne peut remplacer pour la production du grain.

Il est reconnu aujourd'hui que, par la culture des plantes sarclées, on remplace avantageusement la jachère pour nettoyer le sol, excepté dans les sols très-argileux et compactes.

En faisant succéder sur la terre des récoltes d'une nature toute différente, qui ne se nourrissent pas des mêmes éléments, on donnera au sol le temps nécessaire pour préparer à chaque espèce de plantes les aliments qui lui sont propres.

Autrefois l'agriculture ne s'exerçait que sur un petit nombre de plantes prises dans la famille des céréales, la jachère était le seul moyen auquel le cultivateur pût recourir pour nettoyer le sol.

On doit considérer la jachère comme un remède onéreux, et la suppression un avantage réel ; mais, pour la supprimer avec succès, il faut que le cultivateur sache bien qu'il lui faudra une grande quantité de bestiaux et employer un plus grand nombre d'ouvriers pour le sarclage des racines; sans ce travail, au lieu d'améliorer sa culture, le cultivateur verrait ses terres envahies par les plantes nuisibles et les récoltes diminuer.

Des assolements.

Un bon assolement consiste à entretenir la terre, par

une succession variée des végétaux et l'emploi des engrais et des amendements qui lui conviennent, dans un état convenable de fertilité, de propreté et d'ameublissement.

Deux assolements sont en usage dans l'arrondissement : le premier est l'assolement de trois ans avec jachère morte ; ce mode de culture est le plus improductif de tous, en condamnant un tiers des terres au repos et en faisant succéder, contre tous les principes, deux récoltes de céréales.

Les prairies artificielles, que l'on sème la seconde année sur la céréale de printemps, sont une heureuse innovation; mais la terre, déjà fatiguée par deux céréales, salie par les plantes nuisibles, ne peut donner une récolte abondante.

Le second est un assolement de six ans qui se compose de sarrasin, froment, seigle, avoine, trèfle pendant deux ans. Ces deux rotations sont également condamnables.

La meilleure sera celle qui se rapprochera le plus des principes qui se résument ainsi :

Fumer, Nettoyer, Varier.

Tout succès en agriculture a été le résultat de l'intelligente application de ces trois mots, et on ne peut l'obtenir que par l'introduction dans la culture des plantes propres à la nourriture des bestiaux, surtout des plantes sarclées, qui exigent, pendant leur végétation, des binages et des buttages qui nettoient le sol et remplacent la jachère.

L'adjonction de ces plantes prolonge la durée de l'assolement et nous conduit à adopter l'assolement quadriennal qui, sans trop heurter les habitudes du cultivateur, rentre complètement dans ces principes.

La division des terres labourées en quatre soles, au lieu de trois, réduit l'étendue des céréales au profit des plantes pour les bestiaux ; on en entretiendra donc un plus grand nombre ; le fumier sera plus abondant, l'on amendera plus fortement les terres ; le rendement des récoltes augmentera et la proportion en céréales restera la même que dans l'assolement triennal. L'adoption d'un assolement perfectionné exige du cultivateur plus d'argent, et quelquefois il n'est pas en état de faire ces avances, parce qu'il est souvent engagé dans des exploitations au-dessus de ses moyens. La durée de 9 ans de baux actuels empêchera les plus aisés d'entreprendre les travaux d'un changement d'assolement, parce qu'il ne rentreraient pas dans leurs avances. Des baux de douze ans sont dans l'intérêt du propriétaire et du fermier ; mais les uns et les autres tiennent à la vieille routine.

L'assolement quadriennal ne peut être profitable qu'avec un bail de long cours. Sans l'augmentation de la durée des baux, point de perfectionnement possible de l'agriculture dans notre arrondissement.

De la connaissance des plantes.

Avant d'établir un assolement, il est nécessaire de connaître les propriétés diverses des plantes, afin qu'après avoir fourni à une plante la substance qui lui est propre, on laisse à la terre le temps nécessaire pour recomposer cette substance et la fournir de nouveau.

Parmi les plantes soumises à la culture, les unes salissent le sol ou l'épuisent, d'autres le nettoient ou le bonifient ; ainsi donc ón doit mettre, après les récoltes salissantes, celles qui nettoient les terres, après les récoltes épuisantes, celles qui les améliorent.

Tableau des plantes épuisantes.

Les plantes textiles :	Le lin, le chanvre.
Les plantes oléagineuses :	Colza, œillettes, cameline.

Les céréales :	Blé, seigle, avoine, orge et sarrasin.
Les racines :	Pommes de terre, carottes, betteraves, choux, navets.
Les plantes fourragères :	Sainfoin, luzerne, trèfle, récoltés en graines.
Les plantes à cosses :	Vesce, pois, hivernage, récoltés à l'époque de leur maturité.

Toutes les plantes arrivées à un état complet de maturité épuisent le sol ; si, au contraire, on les coupe avant ou au moment de leur floraison, elles deviennent améliorantes, parce que les racines et les parties des tiges laissées sur la terre contiennent plus de principes nutritifs que la plante n'en a absorbé jusqu'à cette époque.

Plantes améliorantes.

Sainfoin.	
Luzerne.	
Trèfle	coupé en fleurs.
Vesce	*id.*
Pois	*id.*
Lupuline	*id.*
Céréales	coupées avant leur floraison.

Plantes salissantes.

Les céréales.
Colza de printemps.
La cameline et la rabette.

Plantes nettoyantes.

Elles se divisent en deux espèces :

1° Toutes les plantes qui, pendant leur végétation, sont binées et buttées, que l'on nomme plantes sarclées :

Pommes de terre, carottes, betteraves, choux, navets, féverolles, colza d'hiver, œillette ;

2° Vesces, pois, trèfles, luzerne, sainfoin, chanvre, lin.

Donnée moyenne sur le degré d'épuisement du sol par les principales sortes de récoltes épuisantes.

Economie théorique et pratique de l'agriculture, 2e vol., par le baron Crud.

ESPÈCES DE RÉCOLTES.	PRODUIT MOYEN POUR UN HECTARE.		Fumure enlevé par 100 kilog. de produits.	Quantité moyenne de fumure enlevée par chaque récolte.
Colza d'hiver. .	5,700 kil.	Graines et tiges. . .	491	27,997
Chanvre. . . .	4,000	Tiges sèches et graines.	300	12,000
Froment.	4,000	Grain et paille. . .	249	9,960
Orge.	4,500	Grain et paille. . .	200	9,000
Seigle.	3,700	Grain et paille. . .	190	7,030
Avoine.	4,000	Grain et paille. . .	187	7,480
Sarrasin. . . .	1,800	Grain et tiges sèches.	140	2,520
Pommes de terre.	20,000	Racines et tiges. . .	88	17,500
Luzerne de 8 ans.	52,000	Fourrage sec.	60	31,200
Carrottes. . . .	50,000	Racines et feuilles. . .	42	21,000
Betteraves. . . .	50,000	Racines et feuilles. . .	40	20,000
Choux, navets. .	20,000	Racines et feuilles. . .	37	7,400
Pois verts en fruits	3,500	Fourrage sec et grain.	37	1,295
Pois gris en fruits.	3,700	Fourrage sec et grain.	22	0,814
Féverolles en fruits	3,400	Tiges sèches et grain.	21	0,714

Récoltes non épuisantes ou améliorantes.

ESPÈCES DE RÉCOLTES.	PRODUIT MOYEN pour 1 hect.	Fumure enlevée par 100 kilog. de produits.
Sainfoin.	16,000 kil. sec.	» »
Trèfle rouge coupé en fleur.	9,000 id.	» »
Vesce id.	6,500 id.	» »
Pois gris id.	6,000 id.	» »
Trèfle blanc id.	6,000 id.	» »
Céréales coupées avant la floraison	6,000 id.	» »

Ces plantes, semées très-dru, lèvent en même temps que les espèces nuisibles, mais leur développement hâtif fait mourir ces espèces avant la maturité de leurs graines.

A l'aide de ces tableaux le cultivateur choisira, d'après l'état et la nature de sa terre, la récolte à lui faire porter.

Les plantes de même nature ne conviennent pas également à tous les sols, mais pour chaque sorte de terrain il y a plusieurs espèces de plantes qui peuvent remplir le même but.

Sur les bonnes terres et celles que l'on appelle petites terres, presque toutes les plantes peuvent être cultivées; sur les terres très-argileuses, calcaires et graveleuses, leur nombre est moins considérable.

Les plantes ne sont pas sensibles aux mêmes influences atmosphériques; en variant sur le même sol plusieurs récoltes de la même espèce mais d'une nature différente, l'abondance des unes balancera le mauvais rendement des autres.

Avant de proposer les meilleurs assolements d'après l'expérience de la pratique dirigée par les principes, nous répéterons qu'il n'y a rien d'absolu, que tout est relatif.

Si les principes résumés dans ces mots, *fumer*, *nettoyer*, *varier*, s'appliquent à toutes les circonstances, à tous les sols, les prescriptions doivent varier avec la nature et l'état du sol, les besoins de la consommation, la situation de la ferme par rapport aux marchés, la vente plus avantageuse des produits.

Assolement de quatre ans sur les bonnes terres.

Dans cet assolement le terrain est partagé chaque année en quatre soles, c'est-à-dire que les plantes de la même espèce ne reparaissent sur le même sol que tous les quatre ans.

Quelle que soit l'étendue des prairies naturelles, on doit toujours consacrer à la culture des prairies artificielles, sainfoin ou luzerne, une étendue de terre prise en dehors de l'assolement régulier.

1re ANNÉE.	2me ANNÉE.	3me ANNÉE.	4me ANNÉE.
Betteraves fumées, Avoine avec trèfle, Trèfle, Froment.	Avoine avec trèfle, Trèfle, Froment, Betteraves fumées.	Trèfle, Froment, Betteraves fumées, Avoine avec trèfle.	Froment, Betteraves fumées, Avoine avec trèfle, Trèfle.
Autre assolement.			
Vesce d'hiver fumée, Blé avec trèfle, Trèfle, Avoine ou orge.	Blé avec trèfle, Trèfle, Orge ou avoine, Vesce ou hivernage fumé.	Trèfle, Orge ou avoine, Vesce ou hivernage fumé, Blé.	Orge ou avoine, Vesce ou hivernage fumé, Blé, Trèfle.
Autre.			
Fourrages fumés.	Blé avec trèfle.	Trèfle.	Orge ou avoine.
Autre.			
Pommes de terre fumées.	Blé.	Minette.	Avoine.
Autre.			
Colza fumé.	Blé.	Racines.	Avoine.

Assolement de six ans.

L'assolement de six ans permet une grande variété dans la culture, ce qui diminue les pertes produites par les saisons ou les variations de prix dans les marchés ; il permet de répartir plus également les travaux de culture dans les différentes saisons. Cet assolement convient aux sols de diverses natures.

1re SOLE.	2me SOLE.	3me SOLE.	4me SOLE.	5me SOLE.	6me SOLE.
Blé. Récoltes sarclées, fumées. Avoine et trèfle. Trèfle. Blé.	Récolte sarclée, fumée. Avoine. Trèfle. Blé. Colza fumé.	Avoine et trèfle. Trèfle. Blé. Colza fumé. Blé.	Trèfle. Blé. Colza fumé. Blé. Récolte sarclée, fumée.	Blé. Colza fumé. Blé. Récolte sarclée, fumée. Avoine et trèfle.	Colza fumé. Blé. Récolte sarclée, fumée. Avoine et trèfle. Blé.
Autre assolement.					
Colza fumé, biné. Froment. Féverolles fumées, binées. Avoine et trèfle. Trèfle. Froment.	Froment. Féverolles fumées, binées. Avoine et trèfle. Trèfle. Froment. Colza fumé, biné.	Féverolles fumées, binées. Avoine et trèfle. Trèfle. Blé. Colza fumé. Blé.	Avoine et trèfle. Trèfle. Blé. Colza biné. Blé. Féverolles binées, fumées.	Trèfle. Blé. Colza biné. Blé. Féverolles fumées. Avoine et trèfle.	Blé. Colza biné. Féverolles fumées. Racines. Avoine et trèfle. Trèfle.
Autre.					
Pommes de terre fumées.	Orge et trèfle.	Trèfle	Froment.	Vesces fumées.	Froment.
Autre.					
Racines fumées.	Blé de printemps, orge ou avoine avec trèfle ou minette.	Trèfle ou minette.	Avoine.	Vesce, pois fumés.	Blé.

Un assolement alterne, combiné avec l'assolement triennal, sans jachère, convient aux cultivateurs qui ne verraient pas sans répugnance et sans inquiétude diminuer leurs soles à blé.

Cet assolement supprime la jachère morte, permet l'intercallation des plantes sarclées et la culture des prairies artificielles.

1re ANNÉE.	2me ANNÉE.	3me ANNÉE.	4me ANNÉE.
Blé.	Avoine.	Colza fumé.	Blé avec trèfle.
5me ANNÉE.	**6me ANNÉE.**	**7me ANNÉE.**	**8me ANNÉE.**
Trèfle.	Hivernage.	Blé.	Betteraves fumées.

Terres de moyennes consistances ou petites terres.

Pour les terres que l'on désigne sous le nom de petites terres, les assolements peuvent être semblables, quant à la durée, à ceux indiqués pour les bonnes terres.

Les plantes qu'elles peuvent nourrir avantageusement sont aussi très-nombreuses.

Ces terres exigent plus d'engrais que les précédentes, et pour cette raison le cultivateur ne doit point faire entrer les plantes industrielles dans sa rotation, à moins que, par l'étendue de ses prairies naturelles ou artificielles, il ne puisse entretenir un grand nombre de bestiaux pour fumer ses terres, ou qu'il se trouve placé dans des circonstances telles qu'il puisse acheter des engrais à un prix raisonnable.

Terres légères et calcaires.

Ces terres diffèrent entre elles selon la profondeur du sol arable, et surtout par la composition du sous-sol, selon qu'il se trouve perméable ou composé d'une couche d'argile qui conserve une humidité favorable à la végétation des plantes.

On doit toujours consacrer à la culture des prairies artificielles, sainfoin et luzerne, une étendue de terrain considérable.

Assolement de quatre ans.

	1re SOLE.	2me SOLE.	3me SOLE.	4me SOLE.
1re Année.	Carrottes, betteraves ou pommes de terre fumées.	Orge ou avoine.	Vesce.	Froment.
2me Année.	Orge ou avoine.	Vesce.	Froment.	Racines fumées.
3me Année.	Vesce d'hiver.	Froment.	Racines fumées.	Orge ou avoine.
4me Année.	Froment. Racines fumées. Jachère fumée. Pommes de terre fumées.	Racines fumées. Avoine demi-fumée. Seigle ou méteil. Blé, trèfle.	Orge. Fourrage coupé vert. Pois, féverolles. Trèfle.	Trèfle. Blé. Orge ou avoine. Avoine.

Assolement de six ans.

1re SOLE.	2e SOLE.	3e SOLE.	4e SOLE.	5e SOLE.	6e SOLE.
Pommes de terre fumées.	Avoine et trèfle.	Trèfle.	Seigle fumé.	Sarrasin enfoui.	Blé.

1re SOLE.	2e SOLE.	3e SOLE.	4e SOLE.	5e SOLE.	6e SOLE.
Pommes de terre fumées.	Seigle fumé.	Avoine et trèfle.	Trèfle.	Trèfle. retourné.	Blé.

Terres graveleuses et brûlantes.

On ne cultive point le blé dans ces terres; le seigle, l'orge ou l'avoine, les racines, les plantes fourragères, le sainfoin, y donnent les meilleurs produits.

Assolement de quatre ans.

Sarrasin fumé.	Avoine.	Fourrages fauchés en vert.	Seigle fumé.
Pommes de terre fumées.	Orge.	Fourrages d'automne fauchés en vert.	Seigle.
Jachère fumée.	Seigle.	Jarode ou vesce d'hiver.	Avoine.

Assolement de six ans.

Avec cet assolement, ces sols donnent un produit plus considérable, et au lieu d'être épuisés augmentent en fertilité.

1re SOLE.	2e SOLE.	3e SOLE.	4e SOLE.	5e SOLE.	6e SOLE.
Racines fumées.	Orge et prairies artificielles.	Prairie artificielle fauchée.	Pâturage.	Pâturage.	Avoine.
Jachère fumée.	Seigle et minette.	Minette.	Racine fumée.	Orge.	Sarrasin fauché en vert

Les tableaux d'assolement pourront venir en aide aux cultivateurs, qui devront les modifier suivant leur position particulière, en appliquant les principes :

Fumer, Nettoyer, Varier.

De la culture des racines et prairies artificielles.

Le plus grand obstacle à l'amélioration de l'agriculture est le manque d'engrais.

Les plantes sarclées et les prairies artificielles augmentent les produits destinés à la nourriture des bestiaux ; on peut en nourrir un plus grand nombre, par conséquent doubler son fumier, et *doubler son fumier c'est remplir son grenier.*

De l'abondance du fumier dépend l'amélioration du sol, et celle-ci amène celle des animaux.

Depuis quelques années la culture des prairies artificielles a fait de grands progrès ; les avantages en sont connus et appréciés, il est inutile de les faire valoir.

Les racines, au contraire, ne sont pas cultivées ou le sont mal, et les récoltes peu abondantes, lorsque l'on devrait obtenir de 360 à 400 hectolitres par hectare.

Les pommes de terre, carottes, betteraves, navets, exigent un labour profond, de l'engrais, des sarclages et des buttages.

Les terres que l'on destine aux racines doivent être labourées à une profondeur de 30 à 40 centimètres au premier labour d'hiver.

Comme elles succèdent à une récolte de grains, il est nécessaire, à moins que la terre ne soit très-riche, de la fumer de nouveau.

La terre doit être labourée à plat.

Plantation des pommes de terre, choix des espèces.

. Les grosses pommes de terre sont coupées en morceaux et placées dans la raie de 33 à 40 centimètres les uns des autres, les lignes assez espacées pour que l'on puisse exécuter facilement le buttage à la charrue.

Après le plantage, la terre doit être suffisamment hersée; l'on herse une ou deux fois la terre après la levée des pommes de terre, pour la maintenir propre et meuble jusqu'au buttage (voyez *buttoir*). Il y a un très-grand choix dans la variété des pommes de terre par rapport à l'époque de leur maturité et à leur rendement selon la nature du sol.

Dans les sols argileux, où la plantation ne peut avoir lieu avant la fin de mai ou de juin, ou si vous voulez planter vos pommes de terre sur un trèfle incarnat ou un seigle fauché en vert, il faut choisir les variétés précoces, afin qu'elles puissent atteindre leur maturité avant les premières gelées.

Si l'on veut faire succéder aux pommes de terre une céréale d'hiver, il faut choisir également une variété précoce pour avoir le temps de préparer la terre.

La maladie dont les pommes de terre tardives sont encore attaquées cette année doit engager à augmenter la culture des variétés hâtives, jusqu'ici préservées de toute atteinte.

Betteraves, carottes, navets.

Les betteraves, carottes, navets, exigent les mêmes labours et engrais que les pommes de terre; elles doivent être semées en lignes assez éloignées pour pouvoir faire passer entre elles une houe à cheval (voyez *houe à cheval*), et diminuer ainsi le travail long et minutieux du binage à la main, et pour qu'il ne reste plus rien à faire exécuter que sur la ligne même des plantes, que l'on a soin de séparer les unes des autres selon leur espèce.

Toutes les plantes se conservent parfaitement dans les silos lorsqu'on ne peut les renfermer dans les caves.

Le silo est un trou d'un à deux mètres de largeur sur cinquante centimètres de profondeur. On place les racines en les élevant en forme de dôme, on recouvre le dôme avec de la paille, puis on rejette par-dessus la terre sortie du trou.

On choisit un terrain sec, un peu élevé, pour éviter l'infiltration des eaux.

Culture du colza.

Le colza se sème de préférence sur les bonnes terres franches, un peu humides; dans les terres plus légères la récolte sera moins abondante. Dans l'un et l'autre sol il exige une terre largement fumée.

Le colza se sème en pépinière au mois de juillet. Le plan le plus gros est celui dont la reprise est plus sûre et la récolte meilleure.

Le puceron est le plus grand ennemi du colza; comme il paraît que les œufs de cet insecte sont apportés dans le sol accolés à la graine, on les détruit en faisant tremper les graines, plusieurs heures avant la semence, dans une eau fortement salée.

La transplantation a lieu dans le courant d'octobre. Le mode de transplantation le plus ordinaire se fait à la charrue; on place les plantes dans la raie ouverte en les appuyant contre la terre retournée, et la charrue en revenant les recouvre.

Aujourd'hui l'on reconnaît que cette manière n'est pas la meilleure, et les cultivateurs amis du progrès, adoptant la méthode flamande, préfèrent le plantage ou le repiquage à la main.

Les lignes de plantation sont distantes de 50 centimètres, pour que le binage et le plantage, qui sont indispensables au printemps, puissent s'exécuter avec la houe à cheval et le buttoir.

La récolte du colza doit se faire selon le mode suivi en Belgique et dans le nord de la France, pour éviter la perte déterminée par la coupe des tiges, la mise en javelle et leur enlèvement pour le battage.

On doit couper le colza avant qu'il soit parfaitement mûr, quand les siliques commencent à jaunir et que les graines deviennent brunes.

Le sciage doit se faire le matin et le soir; au lieu de former des javelles, selon l'usage suivi en Flandre on élève des petites meules d'un mètre et demi à deux mètres de hauteur, assez larges pour que le vent ne puisse pas les renverser.

La maturité s'achève bien; pour transporter les meules, on passe des perches dedans et on les renverse sur une toile à laquelle on attache deux perches qui servent à les porter au battage, et cette seconde manière est plus facile à exécuter.

Souvent encore on lie le colza immédiatement après le siage et on range les bottes deux à deux, les tiges en l'air, en les recouvrant d'une troisième botte placée en travers. Lorsque le moment du battage est arrivé, on renverse les bottes de colza sur une grande toile pour les transporter, et la graine qui a pu s'échapper des siliques reste dans l'intérieur de la gerbe.

La graine est sujette à s'échauffer dans le grenier, on doit la remuer tous les huit jours et le tas doit avoir peu d'épaisseur.

Le colza semé au printemps donne des produits moins abondants; on le sème à la volée, sur un terrain frais et profond; la sécheresse est un grand obstacle à son développement.

Le colza semé sur un chaume de seigle, blé ou avoine, donne, pendant le mois d'octobre jusqu'aux gelées, une nourriture excellente pour les bestiaux.

Des prairies artificielles.

Deux choses sont indispensables pour obtenir les récoltes les plus abondantes des prairies artificielles, vesce, sainfoin, minette ou luzerne.

1° La terre doit être la plus propre possible, et elle ne peut l'être qu'après une jachère ou une récolte sarclée;

2° Elle doit être convenablement engraissée, et elle ne le sera pas si vous semez votre graine dans une céréale de printemps qui succède à une céréale d'automne, car la terre aura déjà donné deux récoltes épuisantes et salissantes avec une seule fumure. Si vous voulez réussir, travaillez avec raisonnement et intelligence; semez, si vous le voulez, votre prairie artificielle dans une céréale d'automne, qui aura été bien fumée, mais mieux encore dans une céréale de printemps, succédant à une plante sarclée abondamment fumée.

Construction des fosses à fumier, et de l'emploi des engrais liquides.

Les engrais sont partout en quantité insuffisante; les améliorations ne sont retardées que parce que le fumier manque, disent tous les cultivateurs.

Non-seulement le fumier manque, mais celui que l'on a est mal préparé, et l'on perd les engrais liquides, les plus riches de tous.

Le congrès central d'agriculture, dans la session de 1846, s'était particulièrement occupé de la construction des fosses à fumier, de l'emploi des engrais liquides et des matières fertilisantes.

La société d'agriculture du Bas-Rhin avait proposé un prix pour la meilleure disposition des fumiers et l'utilisation des engrais négligés.

La société décerna ce prix, en séance solennelle, à M. Schattenman, directeur des mines de Bouxwillers et membre du conseil général.

La construction des fosses à fumier de M. Schattenman repose sur le principe, que le fumier doit être placé à sec et arrosé à volonté, afin que l'on puisse conserver les eaux du fumier et en disposer comme engrais liquide.

La fosse à fumier est divisée en deux compartiments, séparés par un espace de 2 mètres servant de passage et aboutissant à un réservoir.

Le passage a une pente légère jusqu'au réservoir, et les compartiments ont une pente disposée pour diriger les eaux du fumier jusqu'audit réservoir, afin que ces eaux s'y rassemblent tant par le passage que par une rigole qui doit entourer les compartiments.

Le réservoir est un trou creusé dans le sol, recouvert par des planches et dont les bords sont maçonnés, ou une simple cuve enterrée à fleur du sol.

Une pompe en bois est placée dans le réservoir; elle doit être assez élevée pour que les eaux puissent, du conduit de la pompe, s'écouler dans un tonneau placé sur une charrette. Des conduits mobiles, posés sur des chevalets mobiles, servent à porter les eaux sur le fumier de l'un ou de l'autre des compartiments.

La partie des eaux qui n'est pas absorbée par le fumier revient à la pompe.

Lorsque le cultivateur veut disposer d'une grande quantité d'engrais liquide, on agrandit le réservoir qui doit aussi recevoir les urines des étables.

Les fosses à fumier profondes sont incommodes et nuisibles, parce que le fumier, noyé dans l'eau, pourrit et ne mûrit pas.

La fosse doit être placée de manière à ce qu'il n'arrive pas accidentellement de trop grandes quantités d'eau, soit par les pluies, soit par toute autre cause.

Le fumier est soumis à la fermentation, afin que la paille se décompose et que l'ammoniaque s'y développe. Cette fermentation est très-violente, surtout pour le fumier de cheval; on maîtrise la fermentation en y tassant le fumier le plus possible et en l'arrosant abondamment.

Le fumier de cheval est plus substantiel que celui des bêtes à cornes; il perd de sa qualité par la fermentation qui brûle et moisit la paille, chasse l'ammoniaque par l'évaporation. Il faut arroser souvent; le travail de la pompe est infiniment supérieur à l'arrosement à la pelle en bois, qui est presque toujours insuffisant.

L'ammoniaque que développe le fumier en est la partie la plus énergique; mais l'ammoniaque est, en état de carbonate, volatile de sa nature, et se perd par l'évaporation lorsque le fumier est exposé à l'action de l'air et de la chaleur.

Si l'on veut conserver au fumier toute son énergie, il est indispensable de convertir le carbonate d'ammoniaque en sulfate d'ammoniaque, qui résiste à l'action de l'air et de la chaleur. Au moyen de la disposition de la fosse à fumier cela est très-facile.

Vous jetez dans les eaux de la fosse à fumier du sulfate de fer en poudre ou couperose, vous remuez avec un bâton; lorsque les eaux ne sentiront plus mauvais, vous cesserez d'y mettre du sulfate. Vous ramenez souvent ces eaux sur votre fumier, et chaque fois vous y ajoutez de nouvelles quantités de sulfate de fer, ou couperose. Les eaux chargées de sulfate de fer pénètrent dans toutes les parties du fumier, et en convertissent l'ammoniaque en sulfate d'ammoniaque. Le sulfate de fer coûte de 8 à 10 francs les 50 kilog.

Lorsqu'il n'y a pas de convenance particulière à avoir de l'engrais liquide, on le fait absorber par le fumier, qui devient plus énergique et doit être employé en moins grande quantité. Vous pouvez aussi faire absorber votre purin par des marnes, terres sèches, calcaires, que vous employez avec autant de succès que le meilleur fumier.

Les engrais liquides sont particulièrement recherchés en Flandre; non-seulement les eaux de fumier sont recueillies avec soin, mais on y ajoute et mélange les matières fécales et toutes les eaux grasses et savonneuses des ménages.

Ces matières si riches, perdues pour notre agriculture sont une des causes les plus puissantes de la fertilité de la Flandre, car son sol est loin d'être partout également bon. On y trouve la glaise, la craie et jusqu'au sable pur. Cette fertilité tient donc à une autre cause qu'à la fécondité du sol.

Le cultivateur flamand l'attribue à ses tonneaux, c'est-à-dire à son engrais liquide, à ces matières qui, perdues partout ailleurs, sont recueillies chez lui avec la plus grande vigilance.

Réunissez donc dans votre fosse à purin les matières fécales; le transport devient facile, si vous voulez faire usage de tonnes ou cuves mobiles. On y jette à l'avance une dissolution de sulfate de fer qui, en désinfectant les matières, empêche toute émanation incommode; vous recueillerez aussi les eaux grasses du ménage et les eaux de lessive.

Vous répandrez cet engrais sur un blé languissant, une prairie naturelle ou artificielle, et lorsque vous en aurez reconnu la puissance, si vos voisins vous interrogent, comme le villageois flamand, vous montrerez vos tonneaux.

De la nourriture des bestiaux.

Il est reconnu que la plus fâcheuse de toutes les économies est celle que l'on fait peser sur l'estomac des animaux.

Malheureusement ce reproche peut être adressé à la généralité des cultivateurs, et ils arrivent, sans le soupçonner, à un résultat tout opposé à celui qu'ils espèrent. Ainsi, pour avoir délivré aux élèves de telle race que ce soit une nourriture insuffisante, ils arrêtent ou retardent le développement de l'animal; ses formes sont altérées, ses forces diminuées. Lorqu'il a atteint l'âge où l'on doit le livrer au commerce, on le vend difficilement et à perte. Si on le consacre à la reproduction on obtient des sujets qui seront presque toujours inférieurs à leurs producteurs.

Les animaux élevés et maintenus constamment, depuis leur naissance, dans un bon état d'entretien, selon la méthode anglaise, qu'il faut reconnaître comme la meilleure et la plus avantageuse, exigeront, lorsqu'ils auront acquis tout leur développement, une ration moins considérable. Les animaux doivent être également bien nourris dans les diverses saisons.

Si vous visitez une vacherie à la fin de l'été et que vous reveniez l'examiner après l'hiver, souvent vous avez de la peine à reconnaître les animaux.

La nourriture d'hiver consiste en foin, fourrages et paille, plus de paille que de foin; les animaux dépérissent lentement; à la fin de la saison ils se lèvent avec peine.

Le printemps arrive, vous les avez, selon l'expression ordinaire, passé d'hiver; vous comptez sur l'herbe nouvelle et les fourrages verts pour les rétablir; or, quelle masse de nourriture n'allez-vous pas consommer avant de remettre en bon état vos chevaux, vos vaches, vos moutons? Pendant l'hiver, vous avez fait peu de fumier; un animal maigre ne fournit pas d'engrais. Au printemps vos mères n'ont point de lait à donner à leurs élèves. Si le bétail est la cause certaine de l'amélioration des terres par la production de l'engrais, ne négligez pas les moyens de le nourrir sans parcimonie pendant toute l'année; si vous le voulez vous le pouvez. Cultivez les racines alimentaires, labourez-les, fumez-les, sarclez-les avec soin, l'abondance des produits vous paiera de vos avances; semez des fourrages d'été, des prairies artificielles, et vous verrez qu'il est vrai de dire :

Qui a foin a viande, qui a viande a pain.

Alors ce ne sera pas en vain que les cultivateurs de notre pays consacreront leurs soins à l'élève de nos diverses races d'animaux; ils y trouveront la récompense de leurs travaux.

L'amélioration des races est inséparable de l'amélioration de l'agriculture, les progrès que vous ferez faire à l'une, l'autre en ressentira immédiatement les effets. Pour mieux élever, il faut mieux nourrir; pour mieux nourrir, augmenter les produits du sol par l'introduction des racines alimentaires et des prairies artificielles, bases invariables de tout progrès, seule voie pour arriver à ces assolements féconds qui seront un jour nos greniers d'abondance.

Des bâtiments ruraux.

L'aspect des bâtiments révèle souvent à l'observateur la composition et la nature des terrains.

Dans la partie est de l'arrondissement d'Argentan, dans les terrains argileux, siliceux, et où le sous-sol est semblable à la terre végétale, les anciennes constructions sont en bois; depuis quelques années la brique a remplacé le bois, et, grâce aux routes nouvelles qui facilitent le transport des matériaux éloignés, quelques-unes sont établies en pierre.

Dans la partie du centre ou des environs d'Argentan, les terrains sont calcaires, argileux, et le sous-sol exclusivement calcaire; toutes les constructions sont en moellons et en pierres de taille.

Dans la région du bocage ou de l'ouest, dans les terrains siliceux, argileux, et dont le sous-sol est composé de roches, le schiste et le granit sont employés comme matériaux.

Les différences si tranchées qui existent dans les constructions des trois régions que nous venons d'indiquer, n'existent pas pour ce qui concerne la distribution intérieure, et nous répéterons ce qui a été dit par M. Ferrand, lors de la réunion de l'Association normande à Argentan, « qu'il soit constaté qu'en somme les bâtiments ruraux, dans tout l'arrondissement, sont mal construits. »

Quatre choses sont indispensables à la salubrité des étables : l'élévation, l'air, la lumière, la propreté.

L'élévation des planchers doit être, en moyenne, de trois à quatre mètres, selon le nombre des animaux que la grandeur du bâtiment permettra d'y placer.

La circulation et le renouvellement de l'air, conditions rigoureuses pour assurer la salubrité des étables, sont impossibles dans les vacheries et bergeries actuelles. Lorsque l'on entre dans une étable, on se sent repoussé par les miasmes insalubres qu'elle renferme; là où la respiration des hommes est pénible, ne croyez pas que le bétail ne soit pas en souffrance.

Les ouvertures rares et étroites des anciens bâtiments sont bouchées, pendant l'hiver, avec un soin pernicieux; le plus souvent la lumière ne pénètre que par la porte des étables; dans aucune d'elles vous ne voyez des cheminées d'appel : ce sont des ouvertures placées aux angles et au milieu des étables, le long des murs, traversant le plancher et le toit, au moyen d'un conduit construit en planches, de vingt centimètres d'ouverture, par lequel les émanations s'échappent en même temps que l'air extérieur y pénètre.

Les râteliers des bergeries devraient être doubles et présenter la forme d'un V ouvert, avec deux augettes à leurs bases. On a seulement la précaution de fermer, avec une planche très-mince, le tiers supérieur du râtelier; on conserve ainsi toute facilité pour l'afourragement; les parties menues tombent forcément dans l'augette, les moutons sont tenus propres et ne peuvent manger que le fourrage contenu dans les deux tiers inférieurs du râtelier; lorsque l'on retourne l'afourragement, on leur présente des parties nouvelles.

La propreté et la bonne tenue des étables sont faciles lorsque les précautions indiquées ont présidé à leur construction. Il est fort important de paver les étables et les écuries, pour que les urines s'écoulent dans la fosse à purin. Les défauts reprochés aux anciennes constructions sont les causes de différentes maladies. Les observations qui précèdent s'adressent aux propriétaires; les fermiers ne peuvent changer l'état des lieux, mais on leur demande de donner à la disposition intérieure de leur cour un aspect plus agréable.

La propreté d'une cour de ferme est chose rare, il est vrai, en France, où l'on voit le fumier éparpillé et les instruments de culture abandonnés au hasard.

De la méthode Guénon.

La méthode de M. Guénon a pour but d'apprécier, par des signes particuliers existant sur la peau qui s'étend depuis le pis jusqu'aux organes génitaux, la quantité et la qualité du lait que donnent les vaches et la durée de la lactation.

Mais ce n'est pas seulement sur les vaches laitières que l'on applique la méthode de Guénon; il est possible, avec elle, de reconnaître si les génisses qui viennent de naître posséderont un jour les qualités laitières.

Or, la pratique ordinaire nous laisse dans la *plus complète ignorance* lorsque nous lui demandons de nous éclairer sur cette question qui, seule, doit suffire pour engager tous les cultivateurs à étudier avec attention le système révélateur de Guénon.

Nous ajouterons encore que les signes qui caractérisent chez une vache les qualités laitières les plus éminentes, d'après Guénon, ne se rencontrent *jamais dans une mauvaise laitière.*

Il y a en France 3,000,000 de vaches à lait; augmentez leurs produits de 3 ou 4 litres par jour, vous aurez, pour 4 litres par vache, 12,000,000 de litres, représentant 370,000 kilog. de beurre, en prenant 16 litres de lait pour un demi kilog. de beurre.

Dans les mâles de l'espèce bovine, des signes semblables, moins apparents, existent également sur la partie postérieure. On devrait, à l'avenir, éviter de donner aux vaches un taureau d'une autre classe que celle à laquelle elles appartiennent.

Un intérêt immense nous engage donc dans notre pays, où l'on cherche à améliorer la race des vaches laitières, à multiplier les moyens de reconnaître et de conserver les jeunes animaux, mâles et femelles, qui doivent seconder nos efforts, au lieu de les vendre à la boucherie sans distinction et au hasard, comme cela se pratique aujourd'hui.

L'ouvrage de M. Guénon se trouve à Paris, chez Dusacq, directeur de la librairie agricole, rue Jacob, 6.

Du choix des blés de semence et de leur chaulage par le procédé Dombasle.

L'importance du choix du blé destiné à la semence est reconnue par tous les agriculteurs.

Depuis quelques années on accorde une grande préférence aux blés étrangers, parmi les variétés qui paraissent réussir sur nos terres, le blé rouge d'Écosse tient le premier rang.

Le chaulage du blé, tel qu'il est en usage dans nos campagnes, ne le préserve pas des maladies qui attaquent si souvent nos récoltes. Après de longues et laborieuses recherches, le procédé adopté par Mathieu de Dombasle, est celui qui, selon l'opinion des hommes de science et les expériences des praticiens, mérite la préférence ; sa simplicité et son écononomie le mettent à la portée de tous les agriculteurs.

Pour un hectolitre de semence il faut deux kilogrammes de chaux en pierre, et six cent quarante grammes de sulfate de soude, ou sel de glauber du commerce.

On fait dissoudre le sulfate de soude dans huit à neuf litres d'eau chaude, d'un autre côté l'on procède à l'extinction de la chaux.

Le meilleur moyen consiste à placer les pierres de chaux dans un panier et à plonger le tout dans l'eau froide pendant quelques secondes ; on les retire aussitôt et on les dépose sur le sol, où elles s'échauffent et se réduisent spontanément en poudre.

Lorsque l'on veut opérer le chaulage du grain, on le place dans un grand baquet, et, pendant qu'un homme le remue au moyen d'une pelle, on l'arrose avec la dissolution du sulfate de soude de manière à ce que le grain soit bien humecté partout.

Alors on répand la poudre de chaux sur la masse du blé, tandis que l'ouvrier la remue constamment de manière à ce que tous les grains soient exactement couverts de chaux.

On recommence l'opération pour chaque hectolitre de semence ; ce travail n'exige que quelques minutes.

Le froment ainsi préparé paraît parfaitement sec après le sulfatage, il se conserve en tas pendant plusieurs jours ; si l'on craint qu'il ne s'échauffe on le remue de temps en temps.

Des connaissances nécessaires à un agriculteur.

L'agriculture, qui est la plus nécessaire de toutes les industries, puisqu'elle doit produire toutes les denrées destinées à l'alimentation, et que la prospérité de l'industrie est attachée à l'abondance et à la qualité des matières qu'elle peut fournir au mouvement commercial, a été, pendant de longues années, peu appréciée et peu honorée en France.

Cette injuste défaveur acquise à la profession

agricole a exercé une fâcheuse influence sur l'agriculture. Les professions libérales flattaient par le vain appareil des connaissances qu'elles semblent requérir, et ceux-là seuls, qui ne pouvaient parvenir au plus modeste emploi, acceptaient avec regret la place restée vacante au foyer paternel.

Une ère nouvelle s'ouvre pour l'agriculture : les hommes les plus éminents par leurs talents consacrent leur intelligence et leur vie à approfondir et faire progresser la science dans ses rapports avec la pratique, et les gouvernements ont appris à connaître que la prospérité et le développement de l'agriculture sont les bases solides de leur stabilité au dedans et de leur puissance au dehors. N'est-ce donc pas l'agriculture qui paie un milliard à l'impôt et qui occupe 25 millions d'habitants en France; n'est-ce pas à l'agriculture que vous demandez de nourrir cette population qui, de 1821 à 1846, a augmenté d'un sixième? Necker l'évaluait à 20 millions en 1780, en 1847 on compte 35 millions.

On a dit : les produits agricoles peuvent doubler en France. C'est une vérité qu'il faut reconnaître, c'est un but vers lequel doivent aujourd'hui tendre tous les efforts des agriculteurs; car, dans un siècle où la population suit une telle progression, ne pourrait-on pas craindre, sans cela, que les produits de notre sol ne puissent désormais suffire à sa nourriture.

L'organisation de l'enseignement agricole détruira cette opinion, pour ainsi dire proverbiale, qu'un agriculteur possède peu d'instruction, ou que les connaissances qui lui sont nécessaires sont peu nombreuses.

L'agriculture a pour objet d'enseigner les moyens de rendre la terre fertile, d'obtenir les produits des plantes de la manière la plus parfaite et la plus économique, de rendre la production la plus grande possible sur la plus petite surface donnée. Elle se lie intimement à l'éducation des bestiaux, qui sont ses principaux agents de production, et elle exige la connaissance de toutes les sciences qui doivent la diriger dans la pratique.

La copie ci-jointe de l'arrêté de M. le ministre de l'agriculture, en date du 31 décembre 1844, fait connaître quelles sont les sciences enseignées dans les établissements d'instruction agricole.

ARRÊTÉ.

Le Ministre Secrétaire d'État au département de l'agriculture et du commerce,

Vu les arrêtés constitutifs de divers instituts agricoles, écoles pratiques d'agriculture et autres établissements d'instruction agriole;

Considérant qu'il importe de donner à l'enseignement agricole des garanties suffisantes,

Arrête ce qui suit :

Art. 1er.

Nul ne pourra désormais être nommé ou approuvé par nous comme professeur d'agriculture, d'économie rurale ou de comptabilité rurale, et salarié à ce titre sur le crédit des encouragements à l'agriculture, s'il n'a obtenu au préalable un diplôme de capacité dans un des instituts agricoles français.

Art. 2.

Le diplôme de capacité sera accordé par des commissions nommées par nous, et qui tiendront dans chaque institut une session annuelle dont l'époque et la durée seront ultérieurement déterminées.

Art. 3.

Les professeurs de sciences accessoires, appliquées à l'agriculture, ne seront nommés ni approuvés par nous qu'autant qu'ils justifieront d'un diplôme spécial obtenu dans une des écoles publiques du royaume.

ART. 4.

Le directeur de chaque institut agricole nous adressera tous les ans l'état nominatif des élèves de son établissement qui, ayant terminé leurs études, seront jugés en état de subir l'examen pour l'obtention du titre de capacité.

ART. 5.

Indépendamment des élèves des instituts agricoles, toute personne qui voudra obtenir le diplôme de capacité mentionné dans l'article 1er, pourra se présenter, après en avoir obtenu de nous l'autorisation, devant la commission instituée par l'article 2.

ART. 6.

Le diplôme de capacité ne sera point exigé des directeurs d'instituts ou de fermes-modèles, tant qu'ils ne se livreront pas au professorat.

Fait à Paris, le 31 décembre 1844.

Le Ministre de l'agriculture et du commerce,

Signé L. CUNIN-GRIDAINE.

RÈGLEMENT.

Conditions, programme de l'examen pour **1845.**

Les commissions chargées, en vertu de l'arrêté du 31 décembre 1844, d'examiner les candidats au diplôme de capacité agricole se conformeront scrupuleusement au programme et aux règles qui suivent.

TITRE Ier.

CONDITIONS PRÉLIMINAIRES.

1° Toutes demandes d'admission à l'examen seront

adressées, ou directement au ministère de l'agriculture et du commerce, ou par l'intermédiaire de MM. les préfets, ou par celui de MM. les directeurs d'instituts.

Elles devront être rendues au ministère vingt jours, au moins, avant la réunion de la commission d'examen (25 septembre).

2° Ces demandes devront être accompagnées des deux pièces suivantes :

A. Acte de naissance;

B. Certificat de bonne vie et mœurs, délivré par le maire du dernier domicile.

3° Il sera adressé au candidat une lettre d'avis sur l'admission ou le rejet de sa demande.

En cas d'admission, cette lettre fera connaître les jours de réunion de la commission près de laquelle l'examen devra être subi.

La lettre d'avis vaudra titre auprès de la commission.

TITRE II.

PROGRAMME.

L'examen portera sur les sujets ci-après désignés :

1° L'agriculture théorique et pratique;

2° L'économie rurale;

3° La vétérinaire élémentaire;

4° La chimie et la physique technologiques, la minéralogie et la géologie agricoles;

5° La botanique appliquée à l'agriculture;

6° La sylviculture;

7° L'arboriculture;

8° La comptabilité rurale;

9° La mécanique agricole;

10° Les constructions rurales;

11° L'arpentage, le nivellement et le dessin linéaire.

Nous avons, dans la première partie de ce manuel, indiqué le plus sommairement possible, l'état de l'agriculture dans l'arrondissement d'Argentan, les améliorations qu'elle réclame, les avantages que les cultivateurs pourraient obtenir par l'adoption d'assolements plus rationnels. Nous avons parlé des différents sols, de leur nature, des engrais et des plantes qui leurs sont propres, de la nécessité d'étendre la culture des prairies artificielles et des plantes sarclées, d'augmenter le nombre des bestiaux, d'améliorer leur nourriture. Nous avons exposé d'une manière générale les méthodes de culture employées par les meilleurs agriculteurs de tous les pays; mais, pour rendre leur application plus facile, nous croyons devoir nous occuper maintenant de chaque canton en particulier, sous le rapport de sa composition géologique, de ses produits en céréales, en animaux des espèces chevaline, bovine et ovine, et engager les cultivateurs à se reporter, pour la culture de leur terre et les soins à donner à leurs animaux, à leurs fumiers et à leur exploitation en général, aux divers enseignements que renferme la première partie.

On trouvera également à la fin de ce volume des tableaux indiquant la statistique agricole de chaque canton.

CANTON DE PUTANGES.

Le canton de Putanges est un des plus considérables de l'arrondissement; il se compose de 22 communes, sa population est d'environ 14,000 habitants.

Sa composition agronomique est singulièrement modifiée par les cours d'eau, notamment par l'Orne et la Baise, et peut se diviser en deux régions, de l'ouest et de l'est. Dans la partie est du canton ou de la plaine, les terrains sont argileux, calcaires et argileux-siliceux.

On rencontre plus particulièrement les terrains calcaires-argileux dans les vallées où sont établis les pâturages les plus productifs, tels que Neuvi et Bazoches, vallée de la Baise. En se rapprochant de la rivière de l'Orne, dans les communes de Giel, Courteil, Champcerie, etc., la terre arable est argileuse et siliceuse, et le sous-sol formé de roches.

Les qualités nutritives des prairies du bord de l'Orne sont différentes de celles des herbages cités plus haut; les animaux y tourneraient moins facilement au gras; elles conviendraient davantage aux élèves de la race chevaline et bovine.

La partie est du canton est la plus abondante en céréales. Les terres assez faciles à cultiver, et l'améliorationm des chemins, permettent aux cultivateurs d'élever des chevaux propres aux remontes de l'armée, et qui se distinguent par leur énergie; leur conformation demande une prompte amélioration.

Nous engageons les cultivateurs à mettre plus de soin dans le choix de l'étalon; à rechercher de préférence l'étalon de race de taille moyenne, unissant à de gros membres la légèreté des allures. L'emploi des mauvais étalons est la cause principale de la lente amélioration de la race chevaline.

La nourriture délivrée aux jeunes poulains soumis au travail n'est pas assez abondante, on ne cherche pas à conserver la netteté de leurs membres par une intelligente distribution du travail.

La race bovine est améliorée depuis que l'on a pris l'habitude d'acheter des génisses cotentines ou viroises.

La race de la plaine est mauvaise laitière et peu disposée à la graisse.

Le taureau de Durham, de la variété laitière, lui convient essentiellement sous le rapport de la conformation, de la production du lait et de la graisse.

Les essais tentés jusqu'ici pour perfectionner la race ovine ont été peu nombreux et sans succès.

Dans la partie ouest du canton, que l'on désigne sous le nom de Pays-Bas ou Bocage, et les communes qui se trouvent sur la rive droite de l'Orne, telles que les Rotours, Rabodanges, Ménil-Hermey, les terrains sont siliceux, argileux, très-variables, suivant la nature des rochers sur lesquels ils reposent.

Des montagnes renfermant des masses prodigieuses de granit se développent sur les deux rives de l'Orne; leur exploitation occupe un grand nombre d'ouvriers.

Les plateaux des montagnes et leurs pentes rocheuses sont couverts de bois.

Les prairies des vallées sont avantageusement consacrées à l'élève du bétail, et. sur les terres arables, on cultive de préférence au froment, le seigle, le sarrazin, le trèfle et les racines.

Les races d'animaux subissent encore dans cette contrée l'influence du sol; cette différence est moins sensible aujourd'hui, là où un meilleur système de culture et de bons croisements sont mis en pratique; mais la science humaine luttera longtemps avant de soustraire à la dépendance du sol ses productions et les races d'animaux domestiques

Les communes situées sur la rive droite de l'Orne se divisent en deux groupes :

1er groupe. — Ris, Rosnay, Habloville, Neuvy, Bazoches.

2me groupe. — Courteil, Champcerie, Pont-Écrepin, les Rotours, Rabodanges, Mesnil-Hermey, Mesnil-Vain.

Les communes situées sur la rive gauche ne forment qu'un seul groupe : Putanges, Saint-Aubert-sur-Orne, Chênedouit, Sainte-Croix-sur-Orne, la Forêt-Auvray, la Fresnaye-au-Sauvage, Sainte-Honorine-la-Guillaume, le Mesnil-Gondouin, Saint-Philbert-sur-Orne.

1er GROUPE. — *Ris, Rosnay, Habloville, Giel, Bazoches.*

Dans ces communes, les compositions variables du sol et du sous-sol offrent de grandes ressemblances; elles se divisent en terres franches, fortes ou bonnes terres, en terres légères ou petites terres, quelquefois en terres graveleuses ou brûlantes.

(Voyez *Connaissance et composition du sol*, page 4.)

Le sous-sol est ordinairement calcaire, souvent schysteux, à Giel, Habloville et Bazoches.

Dans ces conditions on doit, progressivement, augmenter l'épaisseur de la couche arable en donnant, avant l'hiver, un labour profond aux terres que l'on destine, au printemps, à la plantation des pommes de terre, betteraves ou carottes.

(Voyez du *sous-sol et de son influence*, page 7, *Des engrais, fumiers et amendements propres à chaque variété du sol arable*, page 8.)

Aux labours en sillons on aurait avantage à substituer le labour en planches-sillons. Dans les terres argileuses humides, lorsque le sous-sol est imperméable, si la terre est profondément remuée, l'eau se trouve au-dessous du niveau des racines des plantes et ne peut leur nuire.

(Voyez *des labours*, page 14.)

Les instruments de culture sont très-imparfaits, et ceux qui facilitent et abrègent les soins que demandent les plantes sarclées ne sont point répandus.

(Voyez *des instruments*, page 18.)

Dans toutes les communes on suit l'assolement triennal avec jachère (il y a quelques exceptions).

(Voyez *de la jachère*, page 21.)

Les assolements doivent être basés sur le principe fondamental, *fumer*, *nettoyer*, *varier*, page 22.

Exemple et durée des assolements que le praticien, qui procède avec cette sage réserve que réclame la parfaite connaissance du sol, pourra consulter page 21.

Les cultivateurs peu habitués à la culture des racines alimentaires ou du colza pourront trouver des renseignements utiles page 37.

L'extension de la culture des racines et des prairies artificielles est indispensable dans les communes comme Rosnay, où la proportion entre les terres arables et les prairies naturelles est d'un hectare de prairie pour 35 hectares de labour.

Les prairies naturelles sont souvent humides et peu productives; il faut faire couler les eaux croupissantes. La nature argileuse du sol serait bonifiée à peu de frais par le transport des terres calcaires et sablonneuses qui les avoisinent.

L'amendement des terrains les uns par les autres est une mine féconde, encore vierge, mais dont les immenses résultats sont appréciés par les cultivateurs qui ont voulu comparer le prix de revient du bannelage avec la supériorité et l'excédant des produits obtenus sur un sol dont on a assuré la permanente fécondité.

La construction des fosses à fumier, l'emploi des engrais liquides, méritent l'attention des cultivateurs. (Voyez page 39.)

Les communes les mieux cultivées sont celles qui nourrissent un plus grand nombre de bestiaux proportionnellement à l'étendue du sol cultivé.

On doit, dans une bonne culture, entretenir une tête de bétail par hectare.

2me GROUPE DE LA PREMIÈRE RÉGION. — *Courteil, Champcerie, Pont-Écrépin, les Rotours, Rabodanges, Mesnil-Hermey, Mesnil-Vain.*

Dans ces communes, la composition du sol est presque partout siliceuse et argileuse, la qualité en varie selon la profondeur. Les accidents de terrain donnent à cette région un aspect très-pittoresque.

Le sous-sol est schysteux ou granitique ; le sous-sol schysteux se délite et peut augmenter l'épaisseur de la terre végétale par des labours successivement plus profonds.

La chaux, la charrée, les amendements stimulants, auxiliaires du fumier, conviennent aux terres schysteuses ou argileuses (Voyez page 11.)

Les labours sont donnés avec négligence. Le labour exerce sur le produit des terres une influence supérieure à celle de l'engrais ; c'est-à-dire qu'une terre bien labourée et peu fumée rendra plus à la récolte qu'une terre bien engraissée et mal labourée. (Voyez *des labours*, page 14.)

Un bon labour ne peut être donné avec un mauvais instrument. Les instruments employés pour le buttage et le binage des plantes sont inconnus. (Voyez pages 18, 19, 20.)

Tout assolement qui n'est pas établi sur le principe fondamental, *fumer, nettoyer, varier*, doit être rejeté. (Voyez *des assolements*, page 21.)

Dans les terres plantées d'arbres à fruits, le hersage ne doit pas être épargné ; les mauvaises herbes, sans cette opération, ne seraient jamais détruites ; on doit les enlever et les brûler.

Les considérations présentées pour le premier groupe, sur la jachère, sur les assolements, sur la culture des racines alimentaires et industrielles, sur les prairies artificielles, sur la construction des fosses à fumier et l'emploi des engrais liquides, s'appliquent aux communes du second groupe.

2me RÉGION. — *Putanges, Saint-Aubert-sur-Orne, Chénedouit, Sainte-Croix-sur-Orne, la Forêt-Auvray, la Fresnaye-au-Sauvage, Sainte-Honorine-la-Guillaume, le Mesnil-Gondouin, Saint-Philbert-sur-Orne.*

Ces communes ne devraient former qu'une seule

région avec les communes riveraines de l'Orne du second groupe de la première région, car la couche supérieure végétale et le sous-sol présentent, dans leur composition, les mêmes éléments.

La culture du seigle remplace souvent le blé dans les assolements, le sarrazin et le trèfle en prolongent la durée sans présenter une application satisfaisante du principe de l'alternat des récoltes.

La chaux est de tous les amendements celui qui réussit le mieux ; le noir animal et la charrée conviennent plus particulièrement au sarrazin.

Toutes les observations présentées pour le second groupe, et les renseignements sur la jachère, les assolements, etc., ne pourraient qu'être renouvelées dans les mêmes termes ; pour éviter les longueurs d'une répétition, voyez page 59.

CANTON D'ÉCOUCHÉ.

Le canton d'Écouché se compose de 19 communes, sa population est d'environ 13,000 habitants.

Dans les communes de Goulet, Sentilly, Montgaroult, Serans, Écouché, Fleuré, Tanques et Joué-du-Plain, les terrains sont argileux, et calcaires dans les trois dernières communes; on rencontre les terrains siliceux, argileux, et sous-sol de rocher, qui constituent la nature des terres arables, dans les communes de Boucé, Avoine, Loucé, Batilly, Saint-Brice-sous-Rasne, la Courbe, Mesnil-Jean, Saint-Ouen-sur-Maire, Rasnes, Sevray, Vieux-Pont.

Les prairies qui avoisinent la rivière d'Orne sont d'une nature différente, selon qu'elles se trouvent dans la partie la plus rapprochée de la plaine calcaire, ou selon qu'elles pénètrent dans la région des schystes et des granits.

Les meilleures prairies sont celles qui, en raison

de la nature un peu argileuse du sol, conservent une humidité favorable aux plantes.

Les eaux courantes possèdent des qualités très-distinctes ; leurs propriétés sont d'autant plus grandes selon qu'elles coulent sur des terrains d'une nature différente de ceux dont elles sortent. Dans ce cas il y a amendement des terres les unes par les autres, car les eaux entraînent avec elles des limons et des sels terreux qui modifient la nature du sol sur lequel elles séjournent.

Les irrigations sont d'une haute importance, et jusqu'ici elles n'ont point été judicieusement employées.

Les eaux croupissantes altèrent la qualité des prairies, elles favorisent le développement du jonc et des herbes les moins nutritives ; on ne doit négliger aucun moyen d'obtenir leur écoulement.

Les herbages, comme les terres arables, ont besoin d'engrais ; il est difficile d'en prendre sur la quantité, déjà trop faible, que l'on destine aux récoltes. Les charrées, la suie, le tourteau, le sang, le plâtre, dans les parties sèches, y suppléeront, et les engrais liquides ou le purin, que l'on néglige de recueillir, suffiraient seuls à l'amendement des prairies.

Les races d'animaux domestiques ont été améliorées depuis plusieurs années, particulièrement dans les communes qui avoisinent Écouché. On doit attribuer une partie de ce progrès à l'influence exercée par l'établissement dirigé par M. Frédéric Cheradame, où l'on trouve de bons reproducteurs pour les races chevalines et bovines.

Les conseils que M. Cheradame donne aux cultivateurs qui viennent le visiter, la confiance qu'ils doivent inspirer, car M. Chéradame prêche surtout par son exemple, ont ouvert un nouvel avenir à l'agriculture.

L'amélioration des races est le point de départ, et elle résulte de l'intelligence qui comprend l'influence de l'origine du père et de la mère, qui dirige les soins de l'élevage et veille plus tard à la distribution du travail, et qui fait délivrer chaque jour au bétail une nourriture saine et suffisante; or, cette dernière condition n'est possible qu'avec un assolement qui assure des ressources dans toutes les saisons.

Le nombre des juments saillies par les étalons de M. Chéradame est de 665 pour 1847; les étalons du gouvernement en ont sailli 250.

D'après les renseignements officiels, le nombre des chevaux vendus chaque année dans le canton serait de 379 pour tous les services.

Il a été observé que la plupart des chevaux propres aux remontes ne sont point vendus à MM. les officiers acheteurs de la circonscription, mais à des marchands qui les font recevoir dans les départements voisins.

Cet état de choses, préjudiciable aux intérêts de l'éleveur, cesserait si celui-ci accordait plus de soin à ses jeunes animaux. Le refus de MM. les officiers ferait penser que, parmi les jeunes chevaux qu'on leur présente, ils choisissent ceux qui révèlent, par la conservation de leurs membres, leurs aplombs et leurs allures, les soins intelligents qui ont favorisé et conservé leur développement naturel.

L'étendue des prairies naturelles est assez considérable pour que la race bovine présente, dans son ensemble, un bon nombre d'animaux de choix. On n'attache pas assez d'importance à l'origine des taureaux; ou par économie, ou pour ne pas se déranger, on prend l'étalon le plus voisin de sa résidence.

Le système révélateur de monsieur Guénon ne saurait être trop étudié, car il intéresse également le cultivateur, soit qu'il recherche les races les plus laitières ou celles qui s'engraisseront le plus vite aux moindres frais possibles.

Il faut rejeter les formes osseuses, car les os n'existent qu'au détriment de la viande, et les vaches à lait doivent aussi être engraissées et livrées à la boucherie.

La composition élementaire du sol des communes rend facile les améliorations que l'on doit y généraliser; la plus nécessaire et la plus difficile est de changer l'ancien assolement pour un assolement alterne, ou continu. Quelle que soit la répugnance qu'inspire cette innovation, comme elle est pratiquée aujourd'hui dans toutes les contrées où l'on obtient de la terre le plus grand rendement, on sera forcé de l'adopter.

Si l'on veut bien examiner les principes sur lesquels sont établis les assolements alternes, on reconnaîtra qu'ils sont simples et rationnels. La composition du sol change, mais les principes sont immuables, et tout assolement doit être l'application de ces trois mots, qui renferment toute la science agricole, *fumer, nettoyer, varier.*

— Quels sont les caractères d'un bon assolement, page 21.

La connaissance des plantes et leurs propriétés différentes, page 23.

Des tableaux d'assolement, page 28.

Les renseignements sur la culture des racines alimentaires et du colza, page 36.

Des prairies artificielles, la construction des fosses à fumier et l'emploi des engrais liquides, page 39.

CANTON DE BRIOUZE.

Le canton de Briouze se compose de 14 communes et compte environ 10,000 habitants.

Dans toute son étendue la couche supérieure est argileuse ou siliceuse, d'une épaisseur excessivement variable, suivant la nature plus ou moins décomposable des roches qui forment le sous-sol.

La couleur des terres, tantôt grises, jaunâtres ou brunes, est déterminée par la décomposition des schystes, des granits et des grès sur lesquels elle reposent.

Les parties hautes sont fréquemment plantées en bois, quelques-unes sont incultes ou ne produisent que de la bruyère.

L'on s'est peu occupé de la race chevaline : les cultivateurs ont intérêt à améliorer la race de trait, en choisissant des producteurs de même origine, légers d'allures, avec de forts membres.

L'étalon de luxe ne convient point à toutes les localités ; le mélange des races est une des causes de la dégénération chevaline. Consultez votre sol, vos besoins ; élevez en conséquence, et qu'une trompeuse vanité ne vous persuade pas que le cheval de luxe se fait partout. Conservez votre race en lui donnant tous les perfectionnements que sa taille et sa conformation réclament.

L'espèce bovine est fort mélangée. Le trèfle, que l'on fait pâturer la seconde année, permet d'élever un grand nombre d'animaux ; aussi le nombre des bestiaux nourris sur une superficie donnée est-il plus considérable que dans les autres cantons.

Lors de la visite des fermes de l'arrondissement d'Argentan par la commission nommée par l'Association normande, à l'époque de la réunion générale à Argentan, en 1846, sur la ferme du Boisset, au Mesnil-de-Briouze, dirigée par M. Grimbert, et qui se compose de 28 hectares de terres arables et de 6 hectares de prairies naturelles, on entretenait six chevaux ou juments, sept pouliches de deux à trois ans, quatre poulains de l'année, seize bêtes à cornes de différents âges; dix à quatorze bœufs y étaient engraissés à l'étable.

L'assolement ordinaire est de six ans; mais, contrairement aux principes, on voit souvent quatre récoltes successives de céréales.

Voyez *des assolements*, page 21, *et de la connaissance des plantes*, page 23.

Les cultivateurs achètent une assez grande quantité d'engrais. L'usage des amendements, tels que la chaux, la marne, est très-répandu; on reconnaît combien leur emploi bonifie les terres argileuses et siliceuses, les terres ainsi traitées peuvent produire tout ce que l'on obtient dans les meilleures terres; la charrée, le noir animal, sont appliqués de préférence aux céréales de printemps.

Les engrais liquides vont se perdre dans les chemins ou les fossés, et le fumier est employé lorsqu'il est totalement consommé et réduit pour ainsi dire en terreau; dans cet état il a perdu toute son énergie.

Dans les terres un peu argileuses, le fumier encore long agit mécaniquement et onctueusement, c'est-à-dire qu'il rend la terre plus meuble et plus légère en la fertilisant.

L'on conseille aux cultivateurs du canton de Briouze, qui s'imposent de grands sacrifices pour acheter des engrais étrangers à un prix élevé, de mettre à profit les matières fertilisantes qui se perdent chaque jour sous leurs yeux. (Voyez, page 39, *de la construction des fosses à fumier et de l'emploi des engrais liquides.*)

On laboure les terres en sillons parce qu'elles sont humides; il est reconnu que même, pour égoutter les terres mouillées, les labours profonds en planches-sillons sont les plus avantageux.

Voyez *des labours*, page 14, *des instruments aratoires*, page 18.

Les plantes industrielles, telles que le colza, l'œillette et les autres plantes à graines, sont tellement ravagées par les oiseaux qui peuplent les haies dont chaque pièce de terre est entourée, que l'on a dû abandonner leur culture.

Depuis quelques années l'industrie locale se dirige vers l'élève des bestiaux, que la constitution du sol favorise merveilleusement; qu'elle persévère dans cette voie féconde, qui permet d'améliorer constamment la terre; qu'elle augmente le nombre de ses bestiaux en augmentant la quantité des fourrages; qu'elle s'efforce d'améliorer les races, soit par les races elles-mêmes, soit par des croisements bien entendus: infailliblement alors son exemple amènera la modification générale de l'agriculture bocagère. Mais, pour atteindre ce but, il faut puiser avec constance, avec discernement, dans les pratiques nouvelles les éléments qui, en même temps, augmenteront les produits du sol, l'aisance des travailleurs et la richesse du pays.

Consulter les indications données sur la *culture des racines alimentaires*, page 35; sur la *nourriture des bestiaux*, page 43; la *méthode Guénon*, page 47.

Le canton de Briouze exporte une grande quantité de cidres; leur qualité varie suivant la nature, l'élévation et l'exposition des terrains plantés.

Les arbres à fruits sont, en général, trop rapprochés les uns des autres; ils couvrent la terre, et les rayons du soleil pénètrent difficilement dans l'intérieur de la tête de l'arbre. On nuit ainsi à la durée de l'arbre et à la qualité de ses fruits. On s'est occupé du traitement des arbres à fruits, page 88, canton de Vimoutiers.

CANTON DE TRUN.

Le canton de Trun se compose de 23 communes et compte 12,000 habitants.

Sa superficie embrasse une partie du grand bassin, traversé par la rivière de Dives, qui s'étend depuis les montagnes du Pays-d'Auge, où finit la région agronomique des argiles à silex et des argiles plastiques, des cantons de Vimoutiers et de la Ferté-Fresnel, jusqu'au bois qui couronne le plateau élevé qui la sépare du canton d'Argentan.

La composition du sol présente plusieurs natures très-différentes :

Dans la partie qui se rapproche des montagnes du Pays-d'Auge, dans les communes de Louviers, Escorches, Varry, Neauphe, Chamboy, le sol est argileux-calcaire ; les terres arables sont très-difficiles à cultiver à cause de leur tenacité ; les prairies qui reposent sur ces argiles sont les meilleures de la contrée, leur étendue est considérable.

Dans toutes les communes de la plaine le sol est calcaire. Des terrains siliceux-argileux et sous-sol de roches, intercallés dans la région calcaire, se rencontrent dans les communes de Tournay, Villedieu, Guesprey, la Poterie-Brieux ; puis, sur toute la superficie du plateau occupée par les bois de Bailleul et de Montabard, ainsi que dans les terres à labour qui descendent de chaque côté de la montagne jusqu'à la région calcaire, reparaissent les terrains composés d'argile, de silex et de sablon noir, en tout pareil à ceux du canton de Vimoutiers.

Les prairies des bords de la Dives ont été depuis longtemps améliorées par les inondations de la rivière, dont les eaux charrient alors une grande quantité de matières terreuses.

L'assolement triennal est le plus en usage. Quelques prairies artificielles, semées la seconde année de la rotation dans l'orge ou l'avoine, diminuent un peu l'étendue des terres laissées en jachères ; mais elles sont bien insuffisantes pour suppléer aux prairies naturelles, qui ne sont pas en proportion avec les terres arables dans les fermes de la plaine.

Les plantes alimentaires, excepté la pomme de terre, sont peu cultivées ; les betteraves offrent une nourriture plus saine et plus abondante pour les bestiaux. (Voyez *de la culture des racines*, page 35.)

Les cultivateurs resteront pauvres aussi longtemps qu'ils persisteront dans leur éloignement pour l'extension des cultures fourragères et des racines alimentaires. Pourquoi, en Angleterre, un hectare produit-il 20 hectolitres de blé, et pourquoi, en France, produit-il seulement 12 hectolitres ? C'est que l'on y nourrit trois fois plus de bétail qu'en France. L'agriculture ne peut s'améliorer qu'en augmentant la masse des engrais par la production du fourrage.

Les terres légères conviennent aux cultures fourragères destinées à la nourriture du bétail pendant l'été, la luzerne, le sainfoin, le trèfle y donnent des récoltes abondantes ; on sait que dans les terres fortes et humides le trèfle est préférable. Dans les pays ou l'agriculture est le plus avancée, en Belgique et en Angleterre, les terres fortes, qui étaient si recherchées autrefois, le sont beaucoup moins ; on préfère les terres légères, sablonneuses, parce qu'elles sont faciles à cultiver en tous temps, qu'elles exigent moins de main-d'œuvre, et que l'on peut y cultiver un plus grand nombre de plantes.

Voyez *de la composition du sol arable*, page 6. *De la connaissance et des propriétés des plantes*, page 23. *Des divers assolements*, page 21. *Des labours et des divers instruments aratoires*, page 14. *De la construction des fosses à fumier et de l'emploi des engrais liquides*, page 39.

On élève beaucoup de chevaux dans la plaine de Trun, la plupart appartiennent à la race percheronne. Les étalons privés sont presque les seuls reproducteurs, le haras du Pin étant trop éloigné pour que les cultivateurs puissent y envoyer leurs juments. Des chemins mieux entretenus, des terres faciles à cultiver, permettraient au cultivateur de nourrir des chevaux plus distingués. Les chevaux percherons, à ce qu'il paraîtrait, donneraient un bénéfice plus net; dans un pays où le soin d'entretenir et d'améliorer la race chevaline est abandonné à l'industrie privée, il est à remarquer qu'elle n'a pu se soutenir qu'en se bornant à faire le cheval de trait léger, propre au service du roulage et des postes.

Les pâturages qui avoisinent le Pays-d'Auge sont consacrés à l'engraissement des bœufs ou aux vaches laitières et aux élèves de la race bovine. La fabrication du beurre et du fromage est la principale industrie de la région herbifère.

Les vaches y sont réputées bonnes laitières : on a dû naturellement améliorer la race des animaux dont le produit ou la vente sont une des causes de la prospérité générale.

La race bovine de la plaine est bien inférieure à celle dont nous venons de parler; cette disproportion tient bien moins à la différence des races entre elles qu'à la quantité et la qualité de la nourriture.

Le traité de M. Guénon sur les vaches laitières doit être étudié par tous les cultivateurs.

Les amendements tels que la chaux, la marne, devraient être employés dans les terres argileuses ou siliceuses, partout enfin où le principe calcaire est nécessaire à la division et à l'assainissement du sol; le plâtre augmente énormément le rendement des terres consacrées aux prairies artificielles; son effet sur les céréales, dans les sols légers et brûlants, n'est pas moins remarquable.

Le tourteau de colza, employé avec une demi-fumure dans les terres légères, donne de bons résultats; il est à regretter que le prix élevé du tourteau soit un obstacle pour beaucoup de cultivateurs, aussi arrive-t-il souvent qu'on le répand en petite quantité sur une grande surface, où il ne peut produire un effet assez marqué. On croit augmenter ses ressources en consacrant un tiers de ses terres à la sole de blé; on oublie que ce n'est point ce que l'on sème, mais bien ce que l'on fume, qui nous fait riche ou pauvre. Les plantes telles que le colza, l'œillette, etc., exigent une terre riche, amendée, nettoyée; excepté dans quelques cultures bien dirigées, et elles sont en petit nombre, leur introduction serait plus funeste qu'heureuse. Avant tout faites du fumier, c'est la matière alchimique avec laquelle l'agriculteur fait de l'or.

CANTON DU MERLERAULT.

Le canton du Merlerault se compose de 13 communes, sa population est d'environ 7,000 habitants. On y reconnaît deux régions agronomiques :

1° Les terres des plateaux sont argilo-siliceuses, de qualités diverses, suivant leur épaisseur au-dessous de la craie inférieure;

2° Dans les vallées les terres sont argilo-calcaires, reposant sur un sous-sol argileux; elles sont plus souvent occupées par des pâturages.

Les prairies d'une même contrée ont des qualités très-différentes; les unes sont destinées à produire du foin, certains herbages, selon la nature du sol et les qualités nutritives des herbes, sont consacrées à l'élève du bétail, d'autres à son engraissement.

L'agriculture proprement dite, celle qui a pour objet de rendre la terre fertile et d'obtenir la production la plus fertile et la plus économique, intéresse peu les habitants des contrées herbifères; mais l'amélioration des races chevalines et bovines, leur éducation, leur accroissement, se lient intimement à l'existence du cultivateur : car c'est dans le nombre et la qualité des races de ses animaux que le praticien de la plaine trouve le roc sur lequel il peut appuyer les fondements de sa fortune. A chaque sol son industrie; au cultivateur de la plaine, la tâche rude et difficile d'assurer toutes les productions végétales, en luttant contre l'infertilité de sa terre ou l'influence contraire des saisons; à l'herbager, la tâche plus douce de profiter de la composition naturelle du sol pour perfectionner les races, augmenter le nombre des élèves, afin de fournir à tous les besoins de la consommation alimentaire et de satisfaire aux demandes de l'agriculture, lorsqu'elle vient chercher les types perfectionnés qu'elle ne peut pas produire.

Dans les pays où les herbages sont en proportion beaucoup plus grande que les terres arables, ces dernières sont fort peu estimées, les propriétaires ou les fermiers reportent tous leurs soins sur leurs prairies.

Dans les terres à labour argilo-siliceuses, on ne doit pas employer le fumier lorsqu'il est entièrement consommé et réduit en terreau. Consultez, page 8 et suivantes, les observations présentées sur les *fumiers*, la *construction des fosses à fumier*, et *de l'emploi des engrais liquides*, page 39.

Les amendements les plus utiles pour modifier la composition du sol sont la chaux, la marne, la charrée.

Les instruments à labour présentent les mêmes imperfections que ceux des autres cantons; on laboure aussi les terres en sillons; l'assolement est triennal. (Voyez *des instruments*, page 18. *Des labours*, page 14. *Des assolements*, page 27.)

La race bovine du Merlerault est-elle arrivée à un degré de perfection qui lui permette de répondre aux deux exigences de l'époque, la production du lait et la disposition à l'engraissement, ou ne possède-t-elle qu'une de ces deux qualités?

On croit que les vaches du Merlerault proviennent de croisements suisses et cotentins; elles sont laitières et dans de bonnes conditions de taille et de conformation.

Il paraîtrait qu'au point de vue de la production du lait, il suffirait, pour perfectionner la race actuelle, de choisir parmi les élèves du pays les meilleurs types mâles ou femelles, ou de les faire venir du Cotentin.

L'application de la méthode Guénon est appelée, dans de telles circonstances, à assurer, dans l'espace de quelques années, l'amélioration de la race bovine.

Sous le point de vue de la disposition à l'engraissement elle laisse à désirer.

Sans nuire à la production du lait, ne pourrait-on pas donner à la race bovine du Merlerault plus d'aptitude à l'engraissement? Toutes les vaches à lait, tôt ou tard, finissent par l'abattoir.

Un taureau de Durham, de la variété laitière, produirait avec les races du pays des animaux qui donneraient autant de lait que leurs mères et seraient plus disposés à prendre la graisse.

Le taureau de demi-sang serait le producteur qui satisferait à toutes les conditions; des expériences nombreuses confirment cette opinion.

Une intelligence acquise au prix de coûteuses déceptions enseigne aujourd'hui aux éleveurs de la race chevaline les principes qui doivent les diriger dans la pratique. On peut dire que l'avenir ne dépend plus d'eux, mais des éléments de productions et des encouragements que le gouvernement donnera à l'industrie privée, et du retour des acheteurs sur les marchés.

L'administration du haras du Pin est venue en aide aux éleveurs autant que le lui permettait l'étendue de ses ressources; elle a secondé les efforts de la Société normande d'encouragement. Chaque année l'on voit la race chevaline s'améliorer, et les récompenses promises aux efforts d'une industrieuse persévérance excitent une émulation qui est la preuve évidente de leur salutaire influence.

Le patriotisme, il faut l'espérer, ramènera sur nos marchés les consommateurs éloignés par la mode et par l'indocilité des chevaux d'une dangereuse énergie; les soins intelligents dont on les entoure aujourd'hui permettront de les employer avec autant de sécurité que les chevaux étrangers qui viennent encombrer nos marchés.

Le petit nombre d'étalons de pur sang dont l'administration peut disposer ne suffit pas aux besoins du service : 4,000 juments ont été saillies en 1846 par les étalons du haras du Pin. La population chevaline serait assez nombreuse en France si les deux conditions d'origine et d'éducation étaient remplies.

On compte annuellement 300,000 naissances ; le Gouvernement peut seul augmenter le nombre des animaux dont l'origine sera une garantie des qualités que l'éducation peut développer. Pendant quelques années, les poulains mâles étaient enlevés par les éleveurs du Calvados, dont les offres séduisantes trouvaient peu de propriétaires récalcitrants ; aussi la plaine de Caen a-t-elle joui pendant longtemps et exclusivement d'un fatal privilége. La vente de l'étalon était devenue une opération commerciale, une contrefaçon.

Après d'universelles réclamations, l'arrêté ministériel du 30 septembre 1846, en changeant le mode suivi pour l'achat des étalons, a répondu aux vœux exprimés par tous les hommes qui voulaient arrêter les funestes résultats d'un monopole sans contrôle. Le Merlerault, qui commençait à s'apercevoir que la vente des poulains était contraire à ses intérêts et à sa réputation, trouvera dans l'application de l'arrêté ministériel un nouvel encouragement pour conserver ses poulains, les élever, et les vendre à l'âge où ils sont dignes de rivaliser avec les plus beaux produits venus de l'étranger.

Nous croyons utile de donner un extrait de l'arrêté de M. le ministre de l'agriculture qui modifie le système adopté par l'administration des haras pour les achats des étalons, et de publier aussi le rapport adressé au roi le 10 novembre 1847, ayant pour but d'élever le taux des primes accordées aux propriétaires d'étalons.

MINISTÈRE DE L'AGRICULTURE ET DU COMMERCE.

Extrait de l'arrêté du **30** *septembre* **1846.**

LE MINISTRE SECRÉTAIRE D'ÉTAT AU DÉPARTEMENT DE L'AGRICULTURE ET DU COMMERCE

ARRÊTE :

ART. 4. Les préposés aux remontes opèrent en France et à l'étranger.

Chaque année, le ministre désigne la division dans laquelle chacun d'eux fera les achats à l'intérieur. Ils devront la parcourir et l'explorer avec soin, se mettre en relation directe avec tous les éleveurs qui se livrent à l'éducation de l'étalon, noter les produits qui paraîtront susceptibles d'être achetés plus tard, et réunir dans un rapport d'ensemble toutes les observations relatives à la spécialité du service.

ART. 5. A partir du 1er janvier 1848, aucun étalon ne sera acheté pour les haras, s'il n'a été éprouvé en concours public, soit dans des courses générales, soit dans des luttes particulières ouvertes à cet effet, et jugées par une commission de cinq membres nommés par le ministre et présidée par le préfet ou le sous-préfet.

Les conditions d'essai comprendront les courses au trot sous le cavalier ou à la guide, les courses plates au galop, ou même des courses au galop avec obstacles.

ART. 6. Les préposés aux remontes feront porter les achats sur les chevaux qui auront montré de bonnes et solides qualités pendant l'épreuve. Celle-ci n'est qu'un moyen employé pour les bien apprécier.

D'ailleurs, pour être achetés, les chevaux devront réunir les trois conditions ci-après : la bonne origine, tant du côté du père que du côté de la mère, authentiquement constatée; la bonne et régulière conformation, le mérite éprouvé.

Art. 7. Les achats ne comprendront que des étalons de pur sang arabe ou anglais, et des étalons trois quarts ou de demi-sang, issus de l'une ou de l'autre race.

Ils s'effectueront indistinctement dans toutes les parties de la France pour les chevaux qui y seront nés.

Les acquisitions d'étalons étrangers ne porteront que sur des animaux nés en Orient ou en Angleterre, et réunissant les mêmes conditions que celles qui déterminent les achats des chevaux nés en France.

Art. 8. Les étalons ne s'achètent pas avant l'âge de quatre ans révolus. L'âge se compte à partir du 1er janvier de l'année de la naissance.

Les offres de vente doivent être faites directement au ministre, et, pour avoir leur effet, parvenir avant le premier décembre de chaque année.

Art. 9. Le ministre fixe l'époque des achats par un arrêté qui sera porté à la connaissance des éleveurs avant le 1er décembre de chaque année.

Art. 10. Tout cheval offert en temps utile sera visité et donnera lieu à un rapport spécial dont copie, lorsqu'elle sera réclamée, ne pourra être refusée au propriétaire par le préposé aux remontes.

Art. 11. Les préposés aux remontes classeront entre eux, par ordre de mérite et d'utilité, tous les chevaux soumis à leur examen, et ne concluront à l'achat qu'après cette opération, afin d'établir une échelle de prix équitable et en tout conforme au jugement porté sur chaque étalon en particulier.

Art. 12. Pour faciliter le classement exigé par l'article 11, et lorsque les étalons offerts seront en nombre considérable, l'administration pourra, quand elle le jugera utile, provoquer, sur un ou plusieurs points, des réunions des chevaux qui lui auront été offerts. Ces réunions garantiront contre l'erreur les préposés aux remontes et les propriétaires.

Art. 13. Les préposés aux remontes débattent et fixent les prix. Deux éléments concourent à cette fixation : le prix de revient brut et la valeur relative, dont les sources sont dans l'origine et dans une réussite plus ou moins complète du produit.

Art. 14. Les préposés aux remontes n'achètent que sous la réserve de la garantie légale ou même d'une garantie conventionnelle, s'il y a lieu. Les détails se règlent par les conditions stipulées au titre d'achat, et ne sauraient apporter aucune entrave aux marchés.

Art. 15. Après avoir établi le classement de tous les étalons offerts, les préposés aux remontes en adressent le tableau d'ordre au ministre avec la fixation des prix en regard de ceux dont ils proposent l'acquisition. Le ministre approuve ou rejette. Après approbation, le préposé aux remontes délivre une carte d'achat spéciale pour chaque cheval. Cette carte désigne l'établissement de l'administration dans lequel doit être provisoirement déposé l'animal acheté. Les propriétaires dont les chevaux auront été refusés en seront informés sans retard.

Les préposés aux remontes ou, à leur défaut, les directeurs des haras et dépôts constatent, à l'arrivée de l'animal dans l'établissement, son identité parfaite, et lui font subir, dans la quinzaine, les épreuves d'usage propres à éclairer sur l'existence ou la non-existence de certains vices cachés au moment de la vente. A l'expiration du délai consenti pour la garantie de ces vices ou pour tous autres non désignés par la loi, mais qui auraient été l'objet d'une convention particulière, il est rendu compte au ministre et au propriétaire de l'admission définitive ou du rejet.

Paris, le 30 septembre 1846.

Signé L. CUNIN-GRIDAINE.

Pour extrait conforme : le Conseiller d'État Sécrétaire-général,

Signé CAMILLE PAGANEL.

Collationné : Le chef du bureau central,

Signé CHARRETON.

NOTA. La plupart des vœux émis par l'Association normande, dans son congrès tenu à Argentan au mois de juillet 1846, ont été accueillis par M. le Ministre.

RAPPORT AU ROI.

Sire,

J'ai l'honneur de soumettre à l'approbation de Votre Majesté un projet d'ordonnance ayant pour objet de modifier le taux des primes accordées aux propriétaires d'étalons approuvés par l'article 10 de l'ordonnance du 24 octobre 1840.

Avant de faire ressortir l'utilité de cette mesure, permettez-moi, Sire, d'exposer sommairement à Votre Majesté les résultats obtenus par le service des haras depuis qu'elle a rendu l'ordonnance dont je viens de rappeler la date.

A la fin de 1840, l'administration des haras possédait 893 étalons, qui avaient donné 31,106 saillies.

En 1847, 1,142 étalons ont servi 59,313 juments.

Les achats qui se font en ce moment pour la remonte des dépôts porteront l'effectif à 1,200 étalons; ils donneront au moins 61,000 saillies en 1848.

La proportion des juments servies aux naissances heureuses dépassant généralement la moitié, il naîtra, en 1849, plus de 30,000 produits des poulinières qui auront été fécondées par les étalons de l'État. Le nombre des naissances constatées en 1847 atteint le chiffre de 28,000.

En sept années donc, les services rendus par les haras royaux ont doublé leur importance et leur force.

Le même progrès se fait remarquer dans le bon emploi des étalons approuvés par l'administration des haras. En 1840, 197 de ces derniers n'ont pas produit 10,000 saillies; en 1847, 411 en ont donné plus de 20,000.

Comme mérite, la différence est grande. De nombreuses épurations ont eu lieu dans les établissements de l'État. Le perfectionnement de nos principales races permet un choix beaucoup plus sévère, et l'administration refuse aujourd'hui, comme inférieurs, des animaux que la nécessité lui faisait admettre il y a quelques années encore.

En 1840, le nombre des étalons de pur sang n'était que de 187; il s'élèvera à 330 au moins pour la monte de 1848. — En 1840, ils ne saillissent que 6,545 juments ou 35 en moyenne; en 1847, la moyenne est de 50, et le nombre des juments saillies de 16,500.

Le nombre des juments de pur sang a suivi une progression très-considérable; de 400 qu'il était en 1840, il est environ de 800 aujourd'hui.

Les courses ont pris aussi un grand développement, les chevaux plus nombreux qui entrent en lice montrent maintenant des qualités élevées et un mérite incontestable.

Ces améliorations se répandent sur l'espèce entière; de proche, elles atteignent toutes les classes de la population chevaline.

Notre richesse hippique s'est donc considérablement accrue depuis 1840.

Toutefois, de nouveaux progrès peuvent être obtenus. C'est pour entrer plus largement encore dans la voie ouverte que j'ai l'honneur, Sire, de soumettre à l'approbation de Votre Majesté un projet d'ordonnance qui élève le taux des primes aux étalons approuvés.

Cette classe de reproducteurs doit devenir un auxiliaire puissant pour les étalons entretenus par l'état. Mais le nombre n'en augmentera, aussi bien que le mérite, qu'à la faveur de primes plus importantes et rémunérant mieux pour toutes les mauvaises chances qui s'accumulent sur la tête d'un étalon de prix.

Je prie Votre Majesté de vouloir bien revêtir de son approbation le projet d'ordonnance que j'ai l'honneur de lui soumettre.

Je suis avec un profond respect,

Sire,

Le très-humble, très-obéissant et très-fidèle serviteur.

Le ministre secrétaire d'état au département de l'agriculture et du commerce,

Signé L. Cunin-Gridaine.

ORDONNANCE DU ROI.

Louis-Philippe, roi des Français,

A tous présents et à venir, salut,

Sur le rapport de notre ministre secrétaire d'état au département de l'agriculture et du commerce,

Nous avons ordonné et ordonnons ce qui suit :

Article 1er. L'art. 10 de notre ordonnance du 24 octobre 1840 est remplacé par les dispositions suivantes :

Le propriétaire d'un étalon approuvé qui aura rempli les conditions prescrites par les règlements recevra, chaque année, une prime de :

400 à 700 fr. pour un étalon de pur sang ;

300 à 500 fr. pour un demi-sang ;

100 à 200 fr. pour un étalon de gros trait.

Art. 2. Notre ministre secrétaire d'état au département de l'agriculture et du commerce est chargé de l'exécution de la présente ordonnance.

Fait au palais de Saint-Cloud, le 10 novembre 1847.

LOUIS-PHILIPPE.

Pour le roi : Le ministre secrétaire d'état de l'agriculture et du commerce,

Signé L. Cunin-Gridaine.

Une commission chargée de l'examen des étalons qui pourront être autorisés a été nommée par M. le Préfet de l'Orne ; les membres qui la composent sont MM. Houel, directeur du haras du Pin ; comte de la Genevraye ; comte de Vigneral ; Legout-Longpré ; Lavignée ; Ferrault.

CANTON DE MORTRÉE.

Le canton de Mortrée se compose de 13 communes, sa population est d'environ 13,000 habitants.

On y distingue trois régions agronomiques :

1° La région herbifère ou de l'est se compose des communes d'Almenêches, Château-d'Almenêches, Marmouillé. L'étendue des prairies naturelles est très-considérable; les terres sont argilo-calcaires, sous-sol argileux.

2° La région calcaire ou du centre comprend les communes de Mortrée, Marcé, Boissey, Saint-Loyer, Médavy, Saint-Christophe. Il y a une très-grande différence dans la qualité des terres de cette région, qui présente les sols les plus riches et les plus pauvres.

Sur les hauteurs, terres poreuses, graveleuses; dans les vallées, terres franches et bonnes terres; dans la partie intermédiaire ou de la plaine, terres sablonneuses ou petites terres, dont la fertilité est relative selon l'épaisseur de la couche végétale.

Les prairies intercallées dans la région calcaire sont bien inférieures à celles de la région de l'est. Les communes les mieux partagées sont Médavy, Mortrée, Boissey-la-Lande; leurs prairies font partie des terrains argilo-calcaires de la région herbifère.

3° La troisième région comprend les communes de la Bellière, Francheville : terrains siliceux, argileux, quelquefois schysteux, sous-sol de rocher. Dans les communes de Vrigny et Montmerrey, une partie des terres appartient à la région calcaire, l'autre aux terrains siliceux, argileux et schysteux. L'étendue des terres incultes ou bruyères est considérable, quelques parties pourraient être cultivées avec succès, excepté les plateaux dépourvus de terre végétale et tellement rocailleux qu'ils ne présentent aucun espace susceptible d'être défriché.

Dans les terrains argilo-calcaires ou herbifères des communes d'Almenêches, Château-d'Almenêches et Marmouillé, l'on s'occupe spécialement de l'engraissement et de l'élevage des animaux de la race bovine. Ce que l'on a dit à ce sujet précédemment pour le canton du Merlerault peut s'appliquer ici.

Les conditions d'amélioration imposées par la composition du sol sont les mêmes : *assainir*, *arroser*, *amender*.

Les moyens d'augmenter les qualités de la race bovine ou d'en corriger les défauts, sont renfermés dans l'intelligente application des mots : *éducation*, *accouplement*.

Voyez *Canton du Merlerault*, page 70.

La composition du sol est extrêmement variée dans les communes qui composent la seconde région ; chaque hectare, chaque parcelle demanderaient une formule d'assolement. Les très-bonnes terres ne sont pas en majorité. Il y a quelques parties privilégiées et bien connues, où les produits augmenteront à mesure que les cultivateurs introduiront dans leurs cultures les principes améliorateurs qui leur sont proposés.

Pour les petites terres et surtout les mauvaises, les fumiers ordinaires sont insuffisants, la sole de blé reçoit à peine la moitié de l'engrais qui lui est nécessaire. Lorsque les terres sont poreuses ou calcaires, l'engrais qui n'a point servi immédiatement à la végétation est entraîné par les pluies ou s'évapore et ne profite pas à la récolte suivante ; aussi faudrait-il fumer souvent et peu à la fois.

L'assolement triennal est le plus mauvais de tous pour les terres de cette nature, il doit être remplacé par un assolement de cinq ou six années.

La variété des récoltes que l'on peut obtenirrend cette rotation très-avantageuse ; les racines, les plantes fourragères coupées en vert, les prairies artificielles remplacent avantageusement la jachère que, l'on croit, trop généralement, nécessaire au repos et au nettoiement du sol. Lorsque l'on faisait succéder deux récoltes de céréales, la terre était salie et épuisée, la jachère était ce qu'il y avait de mieux à faire ; mais aujourd'hui le nombre des plantes de toute espèce soumises à la culture permet aux cultivateurs de nettoyer et de reposer le sol tout en le faisant produire.

On laboure en sillons, les charrues et les autres instruments sont mauvais. Voyez des *labours*, page 14; des instruments nouveaux indispensables pour épargner la main d'œuvre du binage et du buttage des plantes sarclées, page 19.

La connaissance des plantes et de leurs propriétés est nécessaire pour établir les assolements sur les principes de l'alternat des récoltes.

Voyez de la *connaissance des plantes*, page 23. Des *divers assolements*, page 27.

Les fumiers sont employés lorsqu'ils sont réduits en terreau après une évaporation complète des principes les plus fertilisants ; l'emploi des engrais liquides est inconnu. Voyez de la *construction des fosses à fumier et de l'emploi des engrais liquides*, page 39.

L'importance de l'application de la méthode Guénon sera universellement appréciée. Page 47.

La race bovine subit l'influence de l'inégalité productive du sol, le travail et l'intelligence font souvent reconnaître qu'il est possible d'en modifier la puissance.

Les chevaux ou juments appartiennent presque tous à la race percheronne, ils sont estimés. On ne donne pas au choix de l'étalon l'importance qu'il exige; pourvu que la jument donne une production, on s'inquiète peu de ses qualités futures. Les poulains mâles sont vendus au lait, on ne consacre pas toujours les meilleures pouliches à la reproduction, et à chaque génération on se rapproche de l'abâtardissement.

La race ovine est généralement assez bonne. Dans les communes de la troisième région agronomique, la composition du sol étant la même que celle des communes du canton de Briouze, l'on ne pourrait que renouveler les mêmes observations.

Voyez *Canton de Briouze*, page 64.

CANTON D'ARGENTAN.

Le canton d'Argentan se compose de 11 communes, sa population est d'environ 9,000 habitants.

Sa composition agronomique est argilo-calcaire, avec un sous sol sablonneux; mais la qualité des terres est excessivement variable, selon l'épaisseur de la couche végétale, selon que l'argile est plus ou moins abondante, selon enfin que le sous-sol se trouve d'un sable pur ou masqué par des dépôts de terrains siliceux ou argileux.

La plaine d'Argentan peut, d'après les qualités productives et la composition élémentaire du sol, se diviser en plusieurs régions.

A l'est d'Argentan, vers Saint-Martin-des-Champs, Sarceaux, terres profondes, sablonneuses, faciles à cultiver. Le cultivateur pourra, par une bonne culture, se placer dans des conditions avantageuses, lorsque les plantes fourragères, les racines, les prairies artificielles auront obtenu dans les assolements la place qu'elles doivent occuper.

Vers le nord, en se rapprochant des bois de Tertu, Bailleul et Montabard, on rencontre des terrains argileux et glaiseux; puis reparaît le sol calcaire.

A l'ouest et au midi, en descendant vers la vallée

de l'Honay, l'argile et le sable se trouvent réunis en proportion convenable pour former un sol éminemment fertile, dans les communes de Cuy, Moulins. Dans la commune de Fontenay les prairies sont bonnes; les terres arables rapprochées de la rivière sont très-fertiles.

L'étendue des prairies naturelles, dans toutes les communes du canton d'Argentan, n'est pas en rapport avec les terres arables. La première condition d'amélioration sera l'extension des cultures fourragères destinées pendant l'été à la nourriture du bétail, et les prairies artificielles, telles que le sainfoin, le trèfle, la luzerne, consommés en verts ou récoltés pour la nourriture d'hiver.

Lexpérience a prouvé que dans les terres légères, après une récolte fourragère bien fumée et labourée à mesure que la terre se trouve dépouillée de ses fruits, le blé est meilleur que dans un champ poussé en jachère.

Dans une contrée où subsiste l'assolement blé, avoine, jachère, où le blé est le produit principal, il est difficile de restreindre, tout d'abord, l'étendue des terres consacrées aux céréales d'hiver, mais on doit chercher le moyen de tirer le meilleur parti possible des terres non occupées par le blé.

L'emploi le plus lucratif et le plus facile est sans contredit la culture des plantes qui peuvent se succéder plusieurs fois du printemps à l'automne à cause de leur développement rapide. En augmentant vos fourrages, vous augmentez la masse de tous vos produits; il suffit, pour obtenir ce résultat, de porter les fumiers à mesure qu'ils sont faits sur les terres disponibles : l'on utilise ainsi les labours que l'on donne aux jachères, qui ne rapporteront rien, et l'emploi du fumier frais double la quantité dont on dispose ordinairement.

Produire du fourrage, c'est multiplier la masse des engrais ; chaque kilogramme de fourrage vert rend un kilogramme de fumier.

Les produits d'une ferme sont toujours subordonnés à l'étendue proportionnelle des cultures fourragères avec les autres cultures ; toutes les plantes prospèrent autant que l'on a pu richement les fumer.

On ne fait aucun usage des engrais liquides, les fumiers sont faits tant bien que mal. Voyez de la *construction des fosses à fumier et de l'emploi des engrais liquides*, page 39.

On a l'habitude de labourer en sillons. Si quelques cultivateurs trouvent que les sillons sont utiles dans les terres argileuses et humides, parce qu'ils favorisent l'écoulement et l'évaporation des eaux et hâtent le dessèchement du sol, dans toutes les terres saines, légères, sablonneuses, qui reposent sur un sous-sol calcaire, on doit par conséquent remplacer les sillons par le labour à plat ou en planches-sillons, afin de conserver le plus longtemps possible dans la terre l'humidité indispensable au complet développement des plantes.

Les instruments de culture sont anciens, tous les instruments nouveaux propres à abréger les façons que l'on donne aux plantes sarclées sont peu répandus. Voyez des *instruments*, page 18 ; *la connaissance des plantes et de leurs propriétés*, page 23.

Les principes qui doivent diriger dans le choix des assolements. Voyez *des assolements*, page 27.

La race bovine est un mélange des races du canton de Vimoutiers et du Merlerault ; elle est moins bonne laitière, mais la qualité des herbages explique cette infériorité ; il y a cependant quelques vaches très-bonnes laitières. La méthode Guénon facilitera l'amélioration de la race bovine, au point de vue de la production du lait, lorsque l'on prendra le soin de ne conserver que les jeunes animaux sur lesquels on distinguera les signes indicateurs des qualités lactifères.

Par le choix des taureaux on corrigera les defauts qui caractérisent la race campagnarde. Voyez de la *méthode Guénon*, page 47. *De la race bovine du Merlerault*, page 72.

La population chevaline est assez nombreuse, les travaux agricoles et la facilité des transports permettent d'élever un grand nombre de poulains, que l'on utiliserait de bonne heure sans nuire à leur développement, s'ils étaient mieux nourris, conduits avec plus de douceur, et que le travail fût proportionné à leur âge.

Les animaux appartiennent en général à la race percheronne croisée avec des étalons carrossiers de demi-sang. Le mélange du sang produit assez souvent un animal d'une conformation irrégulière qui en rend plus tard la vente difficile.

Ces défauts de forme sont rachetés par une grande docilité et la résistance au travail.

Un seul propriétaire, M. Blanchard, d'Argentan, donne l'exemple du parcage des moutons, son troupeau est bon; mais jusqu'ici l'éloignement qu'inspire toute innovation a paralysé l'imitation d'une excellente méthode, dont les pays les plus avancés dans l'art agricole, comme la Flandre, l'Artois, la Picardie, et d'autres provinces, éprouvent chaque année les heureux effets.

CANTON DE VIMOUTIERS.

Le canton de Vimoutiers se compose de 19 communes, sa population est de 14,455 habitants.

Les quatre cinquièmes de son territoire sont occupés par des pâturages et des prairies naturelles, dont l'étendue s'accroît chaque jour encore à mesure que la propriété se divise davantage.

Aussi les terres arables y sont-elles, depuis longtemps, considérées par les fermiers comme un accessoire plutôt coûteux que productif, et les fermes s'y louent encore d'autant plus cher qu'elles en comprennent moins.

Cependant quelques cultivateurs intelligents commencent à faire produire quelque chose aux terres arables. Ils ont adopté ce principe, qu'elles doivent nourrir les animaux nécessaires pour leur culture, et que leur exploitation et celle des prairies naturelles doivent être entièrement indépendantes.

L'augmentation des prairies artificielles, le parcage des moutons, qui compte déjà beaucoup de prosélytes, changeront totalement le système agricole du canton. Le parcage a déjà produit des effets merveilleux, et des terres qui jadis étaient incultes donnent maintenant des produits égaux au moins aux meilleures terres cultivées d'après les anciennes méthodes.

Les bâtiments d'exploitation étant pour la plupart situés dans les vallons et les terres arables sur des coteaux très-élevés et très-rapides, le transport des engrais entrait pour une portion considérable dans les frais de culture. Ces frais se trouvent, par le parcage, réduits sinon à zéro du moins à fort peu de chose.

Dans toute l'étendue du canton, la couche supérieure du sol est argileuse, argilo-siliceuse, argilo-ferrugineuse. On y rencontre quelques parties composées de sable noir, d'autres tourbeuses, mais en petite quantité.

Le sous-sol des coteaux est composé d'une couche d'argile et de silex superposé à la craie; celui des vallées est argileux ainsi que dans la petite plaine d'Enneval. La marne se rencontre à une profondeur raisonnable, partout, excepté dans les vallées.

L'élève des chevaux y fait peu de progrès à cause de l'éloignement où se trouvent beaucoup de communes des stations des étalons de l'État.

Dans les environs du Sap, où il existe une station, on en élève un grand nombre qui sont fort estimés.

L'espèce bovine n'est ni très-grande ni d'un poids très-élevé, mais elle est fine, très-apte à l'engrais, et ayant, à un haut degré, les qualités laitières si essentielles pour le pays dont l'industrie principale est la fabrication du beurre et des fromages.

Quelques cultivateurs du canton sont dans la bonne voie, que leur exemple soit donc suivi : que, propriétaires et fermiers, chacun y mette du sien pour augmenter les produits du sol et pour occuper et nourrir les ouvriers que la chute de la fabrication des toiles crétonnes, qui fit si longtemps la richesse de ce canton, laisse inoccupés. Qu'ils s'unissent pour leur donner l'aumône du travail, la plus belle de toutes les aumônes, car elle moralise, tandis que celle que l'on fait à sa porte encourage la paresse, dégrade et déprave.

L'agriculture d'un pays ne peut subir une transformation instantanée, ce n'est que par des expériences suivies avec intelligence et avec soin que l'on peut la perfectionner.

Consultez donc les enseignements renfermés dans la première partie de cet opuscule, vous tous propriétaires et fermiers qui voulez marcher vers le progrès; ils ont été puisés dans les ouvrages d'hommes spéciaux qui ont consacré leur temps et leurs travaux à la science la plus utile de toutes, la science de l'agriculture. *(Depuis la page 4 jusqu'à la page 54.)*

CANTON DE GACÉ.

Le canton de Gacé se compose de 14 communes. Sa population est de 8,525 habitants.

Sous le rapport de son sol, de ses produits et de sa situation agricole, il peut être assimilé au canton de Vimoutiers.

(Voir comme ci-dessus les méthodes appliquées à chaque sol.)

CANTON D'EXMES.

Le canton d'Exmes se compose de 13 communes. Sa population est de 6,525 habitants.

Son sol se divise en terrain argilo-calcaire, en terrain calcaire-argileux et en terrain argilo-siliceux.

Le sous-sol est grande oolithe, argile d'Oxfort, argile et silex-craie.

L'élève des chevaux et des bestiaux y est en progrès à cause du voisinage du haras du Pin et de la vacherie modèle qui y est attachée.

L'agriculture n'est pas plus avancée que dans le canton de Vimoutiers.

(Voir comme ci-dessus.)

CANTON DE LA FERTÉ-FRESNEL.

Le canton de la Ferté-Fresnel se compose de 15 communes.

Sa population est de 8,979 habitants. Son sol et son sous-sol sont similaires avec ceux du canton de Vimoutiers.

La race des bestiaux de toute espèce réclame une grande amélioration.

On y élève quelques bons chevaux. L'agriculture y est très-retardée.

(Voir comme ci-dessus.)

NOTA. — La statistique des quatre derniers cantons a été fournie par M. Gravelle-Desulis, secrétaire du comice agricole de l'arrondissement d'Argentan.

CONCLUSION.

Nous voici arrivé au bout de la tâche que nous nous étions imposée. Ce travail pourrait avoir une utilité très-grande s'il était exécuté par une main habile qui saurait donner, dans une esquisse rapide, une juste idée de l'agriculture, de son importance, de sa situation et de ses besoins.

Nous espérons que ce vœu sera entendu et que d'autres rempliront avec bonheur le but que nous nous étions proposé.

Entré le premier dans une voie presque nouvelle, pouvons-nous espérer que cet essai sera accueilli avec indulgence. Nous y trouverions notre plus douce récompense.

Chaque année le Comice agricole distribue des primes dans un ou deux cantons de l'arrondissement. Une enquête minutieuse, et que le petit nombre de communes à étudier permettrait de rendre aussi complète que possible, pourrait avoir lieu dans les cantons désignés.

Chaque commune serait l'objet d'un travail spécial embrassant l'état de l'agriculture et les moyens de l'améliorer.

Un tableau exact de la population chevaline, bovine et ovine compléterait ce travail. Il suffirait ainsi de peu d'années pour que l'agriculture la plus reculée puisse prendre sa part des bienfaits d'une régénération accomplie dans quelques contrées privilégiées, où les connaissances théoriques et pratiques ont si heureusement multiplié les produits destinés à augmenter la richesse commerciale et à assurer l'alimentation des populations récemment éprouvées par des souffrances dont on ne saurait prévenir le retour que par la prospérité de l'agriculture.

TABLEe, bovine et ovine

NOMBRE DE DES COMMUES ...sses.	MOUTONS et Brebis	Représentant en têtes de gros bétail.
Rosnay......... 0	400	56
Ry............. 0	700	98
Habloville...... 0	400	56
Giel........... 0	300	42
Neuvi.......... 4	895	126
Courteil........ 0	350	49
Pont-Ecrépin... 4	144	20
Les Rotours.... 0	250	35
Rabodanges.... 0	400	56
Mesnil-Hermey. 0	150	21
Saint-Philbert... 0	20	1
Mesnil-Gondoui 4	250	35
La Fresnaye-au-S 0	440	61
La Forêt-Auvra 0	230	34
Chênedouit..... 2	340	48
Saint-Aubert-sur 49	193	28
Putanges....... 55	»»	»»
TOTAUX... 28	5,462	766

TABLEAU statistique de la population chevaline, bovine et ovine du canton de Putanges.

NOMS DES COMMUNES.	NOMBRE D'HECTARES EN		NOMBRE DE			
	LABOUR.	PRAIRIES.	CHEVAUX et Juments.	VACHES et Génisses.	MOUTONS et Brebis	Représentant en têtes de gros bétail.
Rosnay	463	13	60	120	400	56
Ry	670	48	62	240	700	98
Habloville	899	233	130	200	400	56
Giel	327	115	50	140	300	42
Neuvi	1,057	421	158	444	895	126
Courteil	485	85	90	200	350	49
Pont-Ecrépin	337	115	58	134	144	20
Les Rotours	307	118	65	110	250	35
Rabodanges	518	210	70	110	400	56
Mesnil-Hermey	491	70	55	110	150	21
Saint-Philbert	467	100	40	150	20	1
Mesnil-Gondouin	578	222	87	214	250	35
La Fresnaye-au-Sauvage	891	419	119	150	440	61
La Forêt-Auvray	713	167	120	350	230	34
Chênedouit	534	128	96	312	340	48
Saint-Aubert-sur-Orne	564	110	94	289	193	28
Putanges	302	124	76	155	»»	»»
TOTAUX	9,603	2,698	1,430	3,428	5,462	766

TAevaline, bovine et ovine

5.

CO	Représentant en têtes de gros bétail.	JEUNES ÉLÈVES.	BOEUFS.	BOEUFS ET VACHES de graisse.
Goulet.	112	» »	» »	» »
Sentilly	64	» »	» »	» »
Montgar	64	» »	» »	» »
Serans.	16	» »	» »	» »
Ecouché	27	» »	» »	» »
Fleurey.	62	87	25	» »
Tanques	70	» »	» »	» »
Joué-du	84	» »	» »	» »
Boucé..	70	» »	» »	» »
Avoines	42	» »	» »	» »
Loucé..	29	» »	» »	» »
Batilly.	45	» »	» »	246
Saint-Br	87	» »	» »	» »
La Cour	» »	» »	» »	» »
Saint-O	45	» »	» »	» »
Rasnes.	210	» »	» »	» »
Sevray..	59	» »	» »	» »
Vieux-F	45	» »	» »	» »
T	1,131	87	25	246

TABLEAU statistique de la population chevaline, bovine et ovine du canton d'Écouché.

NOMS DES COMMUNES.	NOMBRE D'HECTARES EN		NOMBRE DE						
	LABOUR.	PRAIRIES.	CHEVAUX et Juments	VACHES et Génisses.	MOUTONS et Brebis	Représentant en têtes de gros bétail.	JEUNES ÉLÈVES.	BOEUFS.	BOEUFS ET VACHES de graisse.
Goulet	815	92	260	183	800	112	»»	»»	»»
Sentilly	579	179	80	150	600	64	»»	»»	»»
Montgaroult	645	84	120	490	600	64	»»	»»	»»
Serans	330	178	77	96	120	16	»»	»»	»»
Ecouché	212	51	155	70	180	27	»»	»»	»»
Fleurey	870	193	139	82	428	62	87	25	»»
Tanques	389	122	80	160	500	70	»»	»»	»»
Joué-du-Plain	909	290	280	390	600	84	»»	»»	»»
Boucé	950	406	150	350	500	70	»»	»»	»»
Avoines	608	138	95	110	300	42	»»	»»	»»
Loucé	318	64	61	112	220	29	»»	»»	»»
Batilly	226	255	96	182	345	45	»»	»»	246
Saint-Brice-sur-Orne	367	196	140	263	850	87	»»	»»	»»
La Courbe	190	146	60	130	»»	»»	»»	»»	»»
Saint-Ouen-sur-Maire	368	138	68	140	350	45	»»	»»	»»
Rasnes	2,030	526	300	600	1,500	210	»»	»»	»»
Sevray	1,445	282	110	180	450	59	»»	»»	»»
Vieux-Pont	676	165	130	390	350	45	»»	»»	»»
TOTAUX	11,927	3,405	2,401	4,078	8,693	1,131	87	25	246

…chevaline, bovine et ovine
…e.

…AL …NE.	NOMBRE DE VACHES à lait.	BOEUFS et Vaches de graisse.	CHEVAUX, Juments, Poulains.	MOUTONS	Jeunes élèves de l'espèce bovine.	TOTAL par COMMUNE.
c.						
50	300	150	400	300	125	1275
10	120	50	97	110	90	467
10	200	» »	130	200	40	570
» »	» »	» »	» »	» »	» »	» »
60	66	8	48	190	48	360
90	50	70	150	200	60	530
80	200	30	160	300	100	790
» »	200	100	250	50	200	860
40	150	12	120	258	60	600
40	135	36	131	100	40	509
10	73	34	92	118	30	347
10	130	30	140	150	50	500
40	250	52	180	300	60	842
60	40	35	80	280	15	450

TABLEAU statistique de la population chevaline, bovine et ovine du canton de Briouze.

NOMS DES COMMUNES.	NOMBRE D'HECTARES EN				TOTAL	NOMBRE DE					TOTAL
	LABOUR.	HERBAGES et prairies naturelles.	PRAIRIES artificielles.	BRUYÈRES, Friches, bois, Terres incultes.	par COMMUNE.	VACHES à lait.	BOEUFS et Vaches de graisse.	CHEVAUX, Juments, Poulains.	MOUTONS	Jeunes élèves de l'espèce bovine.	par COMMUNE.
	h. a. c.	h. a. c.	h. a. c	h. a. c.	h. a. c.						
Briouze	1133 92 40	338 60 20	185 »» »»	198 39 90	1670 92 50	300	150	400	300	125	1275
Crasménil	466 33 84	146 59 »»	106 67 86	81 88 40	801 49 10	120	50	97	110	90	467
Faverolles	659 4 40	206 26 20	107 60 50	192 18 50	1057 49 10	200	»»	130	200	40	570
Grais (le)	»» »» »»	»» »» »»	»» »» »»	»» »» »»	»» »» »»	»»	»»	»»	»»	»»	»»
Lande-de-Lougé (la)	355 64 20	73 90 50	»» »» »»	»» »» »»	483 16 60	66	8	48	190	48	360
Lignou	485 46 20	198 38 40	80 91 3	»» »» »»	741 37 90	50	70	150	200	60	530
Lougé-sur-Maire	751 84 75	224 46 »»	150 »» »»	232 41 5	1358 71 80	200	30	160	300	100	790
Ménil-de-Briouze (le)	800 »» »»	240 »» »»	240 »» »»	575 »» »»	1927 »» »»	200	100	250	50	200	860
Montreuil-au-Houlme	578 36 30	118 54 50	»» »» »»	48 81 70	757 99 40	150	12	120	258	60	600
Pointel	519 »» »»	146 65 »»	»» »» »»	»» »» »»	752 34 40	135	36	131	100	40	509
St-André-de-Briouze	752 10 48	198 56 80	237 66 82	81 71 »»	1188 34 10	73	34	92	118	30	347
St-Georges-d'Annebecq	302 18 15	217 12 40	201 45 44	78 70 50	909 57 10	130	30	140	150	50	500
St-Hilaire-de-Briouze	916 16 30	267 32 50	»» »» »»	140 »» 9	1362 52 40	250	52	180	300	60	842
Yvetaux (les)	344 99 60	155 1 30	58 »» »»	»» »» »»	578 46 60	40	35	80	280	15	450

TABLEAU statistique de la population chevaline, bovine et ovine du canton de Trun.

NOMS DES COMMUNES.	NOMBRE D'HECTARES EN				NOMBRE DE					
	LABOUR.	PRAIRIES NATURELLES.	PRAIRIES ARTIFICIELLES.	BRUYÈRES.	CHEVAUX et Juments.	VACHES et Genisses.	MOUTONS...	Représentant en têtes de gros bétail.	BOEUFS de graisse.	VACHES de graisse.
Trun................	674	183	130	»»	140	168	438	60	»»	»»
Merry................	454	65	131	»»	46	150	268	36	»»	»»
Montormel...........	171	158	4	»»	40	110	164	22	2	»»
Ommoy	445	95	111	19	37	100	285	42	»»	»»
Aubry-en-Exmes......	823	94	»»	»»	79	159	325	45	10	»»
La Cambe...........	125	220	5	»»	20	52	100	14	12	70
Coulonces............	585	85	125	»»	80	200	200	28	»»	»»
Louviers.............	349	133	115	»»	52	51	340	48	»»	»»
St-Gervais-des-Sablons.	128	642	»»	»»	49	349	15	1	23	223
Fontaine-les-Bassets...	512	52	172	»»	40	105	235	35	»»	»»
Escorches	372	649	62	»»	47	175	200	28	66	»»
Bailleul	1,000	200	120	»»	125	279	1,200	188	6	»»
Brieux..............	132	63	12	240	25	50	180	28	»»	»»
Chamboy............	371	424	80	»»	69	88	217	30	12	150
Coudehard...........	240	530	»»	»»	40	90	100	14	20	»»
Guesprey............	412	40	25	»»	25	90	350	52	10	»»
St-Lambert-sur-Dives..	451	256	25	»»	50	105	350	52	95	»»
Montabard...........	731	144	60	»»	100	200	800	104	»»	»»
Montreuil-la-Motte....	385	178	50	»»	40	110	100	14	»»	»»
Neauphes-sur-Dives...	505	740	55	45	95	190	340	648	35	60
Nécy..............	525	123	75	52	177	401	265	40	»»	217
Tournay-sur-Dives....	847	138	227	6	100	177	1,000	170	»»	»»
Villedieu-les-Bailleul..	253	38	52	4	54	80	500	85	»»	»»
TOTAUX.........	10,690	4,250	1,676	366	1,530	3,479	7,992	1,784	291	720

ıevaline, bovine et ovine
ult.

(	NOMBRE DE					TOTAL par COMMUNE.
	VACHES à lait.	BOEUFS et Vaches de graisse	CHEVAUX, Juments, Poulains.	MOUTONS.	Jeunes élèves de l'espèce bovine.	
Aut	44	160	35	120	50	409
Cha	49	70	46	65	84	249
Ech	400	1500	200	600	»»	2700
Ger	314	360	108	325	»»	1107
Lig	47	524	50	60	6	687
M[illegible]	60	400	35	70	»»	565
Me	30	50	40	»»	30	150
Me	100	1250	300	500	200	2350
No	198	250	243	295	150	1136
Pla	150	14	127	200	50	522
Ste-	109	10	115	450	75	770
Sai	108	»»	72	400	»»	580
St-(	90	168	62	180	94	416

TABLEAU statistique de la population chevaline, bovine et ovine du canton du Merlerault.

NOMS DES COMMUNES.	NOMBRE D'HECTARES EN				TOTAL par COMMUNE.	NOMBRE DE					TOTAL par COMMUNE.
	LABOUR.	HERBAGES et prairies naturelles	PRAIRIES artificielles.	BRUYÈRES, Friches, Terres incultes.		VACHES à lait.	BOEUFS et Vaches de grais?	CHEVAUX, Juments, Poulains.	MOUTONS.	Jeunes élèves de l'espèce bovine.	
	h. a. c.	h. a. c.	h. a. c.	h. a. c.	h. a. c.						
Authieux-du-Puits (les).	106 71 95	318 58 75	10 »» »»	20 98 45	446 29 15	44	160	35	120	50	409
Champhaut...........	174 28 60	321 25 10	8 50 »»	1 02 50	515 10 10	49	70	46	65	84	249
Echauffour...........	1098 »» »»	1574 »» »»	100 »» »»	188 »» »»	2860 »» »»	400	1500	200	600	»»	2700
Genevraye (la)........	384 »» »»	.770 »» »»	10 »» »»	»» »» »»	1154 »» »»	314	360	108	325	»»	1107
Lignières............	70 65 85	451 79 80	»» »» »»	1 93 50	524 39 15	47	524	50	60	6	687
Mesnil-Froger.........	490 »» »»	482 »» »»	6 »» »»	»» »» »»	972 »» »»	60	400	35	70	»»	565
Mesnil-Vicomte.......	40 »» »»	350 »» »»	»» »» »»	»» »» »»	390 »» »»	30	50	40	»»	30	150
Merlerault............	601 52 90	1135 72 90	40 »» »»	188 71 »»	1925 96 80	100	1250	300	500	200	2350
Nonant..............	385 »» »»	1238 »» »»	»» »» »»	129 »» »»	1752 »» »»	198	250	243	295	150	1136
Planches.............	559 94 75	207 87 80	20 »» »»	67 01 13	1228 75 25	150	14	127	200	50	522
Ste-Colombe-sur-Rille...	631 82 50	304 67 20	25 »» »»	40 94 40	1040 58 10	109	10	115	450	75	770
Sainte-Gauburge.......	566 »» »»	214 »» »»	15 »» »»	78 »» »»	858 »» »»	108	»»	72	400	»»	580
St-Germn-de-Clairfeuille.	356 05 30	817 54 20	6 »» »»	20 44 50	1200 04 »»	90	168	62	180	94	416

TABLEAUbvine et ovine

NOMS DES DES COMMUNES.	BRE DE OUTONS et Brebis	Représentant en têtes de gros bétail.	BOEUFS ET VACHES de graisse.
Mortrée	1,350	186	10
Médavi	190	27	15
Montmerrey	1,200	168	12
Francheville	326	47	12
Boissey-la-Lande	200	28	50
Alménêches	440	62	200
Le Château-d'Alménêch	126	16	138
Marcé	400	56	25
Saint-Loyer	585	84	4
Saint-Christophe	700	98	20
Marmouillé	300	42	185
La Bellière	192	27	39
Vrigny	400	56	»»
TOTAUX	6,409	897	710

TABLEAU statistique de la population chevaline, bovine et ovine du canton de Mortrée.

NOMS DES COMMUNES.	NOMBRE D'HECTARES EN				NOMBRE DE				
	LABOUR.	PRAIRIES NATURELLES.	PRAIRIES ARTIFICIELLES.	BRUYÈRES.	CHEVAUX et Juments.	VACHES et Génisses.	MOUTONS et Brebis	Représentant en têtes de gros bétail.	BOEUFS ET VACHES de graisse.
Mortrée................	1,625	682	20	»»	300	330	1,350	186	10
Médavi.................	382	107	11	»»	56	55	190	27	15
Montmerrey............	581	300	84	250	250	200	1,200	168	12
Francheville...........	465	130	60	»»	96	182	326	47	12
Boissey-la-Lande........	501	185	15	170	55	55	200	28	50
Alménêches.............	656	768	22	»»	150	130	440	62	200
Le Château-d'Alménêches.	346	395	»»	»»	65	100	126	16	138
Marcé.................	709	169	141	»»	70	75	400	56	25
Saint-Loyer............	833	139	5	»»	80	105	585	84	4
Saint-Christophe........	600	142	60	240	100	160	700	98	20
Marmouillé.............	357	518	10	»»	81	194	300	42	185
La Bellière.............	501	140	39	95	85	113	192	27	39
Vrigny.................	676	45	»»	200	112	256	400	56	»»
TOTAUX...........	8,232	3,720	467	955	1,500	1,955	6,409	897	710

TABLEAU ine et ovine

NOMS DES COMMUNES.	CHEVAUX, JUMENTS et Poulains.	NOMBRE de CHEVAUX FOURNIS Annuellement pour la remonte.
Argentan............	424	6
Aunou-le-Faucon......	57	1
Commeaux..........	72	2
Fontenay...........	88	12
Juvigny.............	28	»»
Moulins-sur-Orne.....	99	3
Occaignes..........	205	3
Sarceaux............	117	10
Say..................	63	»»
Sévigny.............	78	2
Urou-et-Crennes......	65	»»
Totaux.........	1,296	39

TABLEAU statistique de la population chevaline, bovine et ovine du canton d'Argentan.

NOMS DES COMMUNES.	NOMBRE D'HECTARES EN			NOMBRE DE				NOMBRE de CHEVAUX FOURNIS Annuellement pour la remonte.
	LABOUR.	PRÉS.	PATURES, FRICHES et Bruyères.	VACHES, TAUREAUX Genisses et BOEUFS DE NOURRI.	VACHES et BOEUFS DE GRAISSE.	MOUTONS, BREBIS et Agneaux.	CHEVAUX, JUMENTS et Poulains.	
Argentan............	1,458	166	48	275	»»	472	424	6
Aunou-le-Faucon......	340	91	212	137	210	400	57	1
Commeaux...........	540	49	18	153	»»	455	72	2
Fontenay............	524	52	38	142	»»	425	88	12
Juvigny.............	217	65	31	79	»»	250	28	»»
Moulins-sur-Orne.....	764	54	63	188	»»	440	99	3
Occaignes...........	1,193	66	159	367	»»	1,004	205	3
Sarceaux............	744	149	148	166	»»	540	117	10
Say.................	360	98	17	118	»»	420	63	»»
Sévigny.............	498	56	111	108	22	374	78	2
Urou-et-Crennes......	589	43	37	121	»»	360	65	»»
TOTAUX.........	7,227	889	882	1,854	232	5,140	1,296	39

TABLEAU ...ovine et ovine

NOMS DES COMMUNES.	...RE DE			TOTAL par COMMUNE.
	...VAUX, ...ents, ...lains.	MOUTONS	Jeunes élèves de l'espèce bovine.	
Aubry-le Panthou......	68	200	55	559
Avernes-St-Gourgon....	» »	» »	» »	» »
Boscrenoult...........	» »	» »	» »	» »
Camembert...........	70	200	126	950
Canappeville..........	74	400	94	818
Champeaux (les)......	96	100	100	796
Champosoult..........	60	150	50	266
Crouttes...............	94	380	40	981
Frênay-le-Samson......	60	200	25	435
Guerquesalles.........	44	350	40	714
Orville................	50	690	10	1000
Renouard (le).........	92	» »	70	648
Roiville...............	55	150	50	445
St-Aubin-de-Bonneval...	80	800	120	1,08
St-Germain-d'Aulnay...	90	700	99	989
Pontchardon..........	31	100	24	268
Sap (le)...............	37	1393	» »	2179
Ticheville	57	450	38	685
Vimoutiers	32	543	240	1795

TABLEAU statistique de la population chevaline, bovine et ovine du canton de Vimoutiers.

NOMS DES COMMUNES.	NOMBRE D'HECTARES EN LABOUR.	HERBAGES et prairies naturelles.	PRAIRIES artificielles.	BRUYÈRES, Friches, bois, Terres incultes.	TOTAL par COMMUNE.	NOMBRE DE VACHES à lait.	BOEUFS et Vaches de graisse.	CHEVAUX, Juments, Poulains.	MOUTONS	Jeunes élèves de l'espèce bovine.	TOTAL par COMMUNE.
	h. a. c.	h. a. c.	h. a. c.	h. a. c.	h. a. c.						
Aubry-le Panthou	324 »» »»	295 »» »»	49 »» »»	»» »» »»	668 »» »»	90	146	68	200	55	559
Avernes-St-Gourgon	»» »» »»	»» »» »»	»» »» »»	»» »» »»	»» »» »»	»»	»»	»»	»»	»»	»»
Boscrenoult	»» »» »»	»» »» »»	»» »» »»	»» »» »»	»» »» »»	»»	»»	»»	»»	»»	»»
Camembert	261 48 60	686 61 70	53 66 70	42 89 20	1028 57 40	292	262	70	200	126	950
Canappeville	373 53 20	375 71 20	16 »» »»	28 »» »»	793 24 40	108	108	74	400	94	818
Champeaux (les)	69 49 90	174 89 80	43 41 30	9 75 »»	301 95 80	210	190	196	100	100	786
Champosoult	200 »» »»	372 39 40	15 »» »»	»» »» »»	372 96 60	100	6	60	150	50	266
Croutles	431 46 70	624 72 »»	18 »» »»	172 16 20	1347 47 30	304	163	94	380	40	981
Frênay-le-Samson	242 »» »»	311 89 »»	»» »» »»	»» »» 10	657 81 70	80	70	60	200	25	435
Guerquesalles	249 59 40	399 34 80	40 »» »»	17 15 60	865 58 40	80	200	44	350	40	714
Orville	338 »» »»	277 »» »»	20 »» »»	10 »» »»	725 »» »»	200	50	50	690	10	1000
Renouard (le)	221 »» »»	936 »» »»	13 »» »»	»» »» »»	1170 »» »»	366	120	92	»»	70	648
Roiville	284 12 60	374 10 60	5 »» »»	»» »» »»	801 56 70	70	120	55	150	50	445
St-Aubin-de-Bonneval	730 20 15	237 34 90	30 8 15	10 »» »»	1166 73 80	105	4	80	800	120	[illegible]
St-Germain-d'Aulnay	480 21 15	188 12 50	29 40 15	99 43 80 bois. 28 72 30 landes.	851 56 60	100	»»	90	700	99	989
Pontchardon	224 85 30	159 10 10	»» »» »»	»» »» »»	383 85 30	71	42	31	100	24	268
Sap (le)	1353 1 »»	652 58 60	48 72 »»	2 »» »»	2272 93 20	403	91	257	1393	»»	2179
Ticheville	416 78 90	313 65 »»	14 51 20	208 62 bois taillis	959 70 50	149	»»	57	450	38	685
Vimoutiers	385 »» »»	1080 »» »»	»» »» »»	22 »» »»	1550 76 35	280	306	232	543	240	1795

TABLEA bovine et ovine

NOMS DES COMMUNES.	MBRE DE			TOTAL PAR COMMUNE.
	CHEVAUX, Juments, Poulains.	MOUTONS.	Jeunes élèves de l'espèce bovine.	
Chaumont	82	200	20	432
Cisay Saint-Aubin	63	546	165	1004
Coulmer	30	150	36	426
Croisilles	50	180	30	450
Fresnaye-Fayel (la)	23	100	12	208
Gacé	112	100	20	472
Mardilly	» »	» »	» »	» »
Mesnil-Hubert	120	418	50	895
Neuville-sur-Touques	100	400	85	940
Orgères	84	400	30	694
Rézenlieu	37	200	40	357
St-Evroult de-Montfort	330	540	300	1500
Sap-André (le)	82	635	100	924
Trinité des-Laitiers (la	60	450	130	755

TABLEAU statistique de la population chevaline, bovine et ovine du canton de Gacé.

NOMS DES COMMUNES.	NOMBRE D'HECTARES EN				TOTAL par COMMUNE.	NOMBRE DE					TOTAL PAR COMMUNE.
	LABOUR.	HERBAGES et prairies naturelles.	PRAIRIES artificielles.	BRUYÈRES, Friches, Terres incultes.		VACHES à lait	BOEUFS et Vaches de graisse.	CHEVAUX, Juments, Poulains.	MOUTONS.	Jeunes élèves de l'espèce bovine.	
	h. a. c.	h. a. c.	h. a. c.	h. a. c.	h. a. c.						
Chaumont	538 »» 20	493 33 85	»» »» »»	63 61 30	1906 20 »»	140	»»	82	200	20	432
Cisay Saint-Aubin	441 31 »»	502 68 50	31 65 »»	412 09 80 Bois. 61 70 80 incult	1449 55 10	112	118	63	546	165	1004
Coulmer	156 »» »»	457 »» »»	17 »» »»	20 »» »» Bois.	650 »» »»	60	250	30	150	36	426
Croisilles	305 36 30	657 38 90	»» »» »»	113 24 30 Bois.	1100 17 »»	143	»»	50	180	30	450
Fresnaye-Fayel (la)	162 »» »»	118 46 60	2 »» »»	»» 20 »»	495 77 90	73	»»	23	100	12	208
Gacé	265 13 85	247 10 30	25 »» »»	L. surplus de la commune en futaies et bois taillis.	649 64 20	30	210	112	100	20	472
Marelly	529 27 50	332 80 80	»» »» »»	28 »» 30	1242 01 90	»»	»»	»»	»»	»»	»»
Mesnil-Hubert	282 74 20	821 75 30	»» »» »»	»» 35 »»	1228 60 20	124	63	120	418	50	895
Neuville-sur-Touques	730 »» »»	540 »» »»	38 »» »»	»» »» »»	1492 »» »»	240	115	100	400	85	940
Orgères	453 94 90	666 33 80	40 »» »»	»» 2 »»	1178 74 20	80	100	84	400	30	694
Rézentieu	279 09 60	27 79 60	128 68 10	4 13 90	495 78 60	50	30	37	200	40	357
St-Evroult de-Montfort	800 20 60	610 44 15	181 08 »»	508 80 20 Taillis 53 7 50	2176 84 70	220	110	330	540	300	1500
Sap-André (le)	571 »» 70	186 73 30	12 »» »»	5 75 »»	929 92 20	103	4	82	635	100	924
Trinité-des-Laitiers (la)	471 66 60	373 76 10	3 75 »»	25 »» »»	1088 14 »»	103	12	60	450	130	755

TABLEA bovine et ovine

NOMS DES COMMUNES.	[N]OMBRE DE CHEVAUX, Juments, Poulains.	MOUTONS.	Jeunes élèves de l'espèce bovine.	TOTAL par COMMUNE.
Avernes-sous-Exmes .	62	150	52	500
Bourg-St-Léonard (le)	40	150	25	295
Cochère (la)........	70	180	20	400
Courménil..........	55	150	54	607
Gisnay.............	60	20	100	805
Omméel............	65	100	12	437
Pin-au-Haras (le)....	70	150	30	350
St-Pierre-la-Rivière ..	57	120	25	362
Survie	75	200	40	575
Villebadin..........	60	420	40	596

Les communes d'Exm[...]

TABLEAU statistique de la population chevaline, bovine et ovine du canton d'Exmes.

NOMS DES COMMUNES.	NOMBRE D'HECTARES EN				TOTAL par COMMUNE.	NOMBRE DE					TOTAL par COMMUNE.
	LABOUR.	HERBAGES et prairies naturelles.	PRAIRIES artificielles.	BRUYÈRES, Friches, Terres incultes.		VACHES à lait.	BOEUFS et Vaches de graisse	CHEVAUX, Juments, Poulains.	MOUTONS.	Jeunes élèves de l'espèce bovine.	
	h. a. c.	h. a. c.	h. a. c.	h. a. c.	h. a. c.						
Avernes-sous-Exmes	230 85 20	396 44 80	24 »» »»	34 81 20	703 11 20	82	154	62	150	52	500
Bourg-St-Léonard (le)	400 »» »»	260 »» »»	100 »» »»	2 44 »»	924 59 60	70	10	40	150	25	295
Cochère (la)	124 31 10	982 60 50	20 »» »»	»» »» »»	1262 16 40	60	70	70	180	20	400
Courménil	333 70 10	480 97 20	13 53 90	100 29 80 bois.	928 51 »»	68	280	55	150	54	607
Gisnay	82 »» »»	740 »» »»	5 »» »»	82 bois.	909 »» »»	45	600	60	20	100	805
Ommécl	312 »» »»	574 »» »»	3 »» »»	»» »» »»	908 »» »»	70	190	65	100	12	437
Pin-au-Haras (le)	267 56 60	428 49 60	44 55 90	190 Taillis, Bruyères, Futaies.	865 85 70	60	30	70	150	30	350
St-Pierre-la-Rivière	255 »» »»	599 »» »»	10 »» »»	6 »» »»	911 »» »»	100	60	57	120	25	362
Survie	»» »» »»	»» »» »»	15 »» »»	»» »» »»	15 »» »»	130	130	75	200	40	575
Villebadin	300 61 80	905 95 20	36 »» »»	»» »» »»	1242 57 »»	114	20	60	420	40	596

Les communes d'Exmes, de Fel et de Silly-en-Gouffern n'ont point fourni leur statistique.

TABLE **bovine et ovine**

NOMS DES COMMUNES.	MBRE DE — CHEVAUX, Juments, Poulains.	MOUTONS	Jeunes élèves de l'espèce bovine.	TOTAL par COMMUNE.
Anceins...........	83	889	53	1164
Bocquencé.........	45	460	140	720
Couvains..........	66	880	66	1146
Ferté-Fresnel (la)..	63	300	15	490
Gauville...........	105	650	65	1050
Glos-la-Ferrière.....	90	1000	110	1330
Gonfrière (la)......	82	550	60	904
Heugon............	50	300	40	450
Marnefer...........	34	315	27	417
Monnay............	84	1030	80	1308
St-Évroult-N.-D.-du-Bo	170	100	235	715
St-Nicolas-des-Laitier	30	306	118	598
St-Nicolas-de-Sommair	48	1820	»»	2094
Touquettes.........	21	60	»»	239
Villers-en-Ouche.....	150	800	200	1250

TABLEAU statistique de la population chevaline, bovine et ovine du canton de la Ferté-Fresnel.

NOMS DES COMMUNES.	NOMBRE D'HECTARES EN				TOTAL par COMMUNE.	NOMBRE DE					TOTAL par COMMUNE.
	LABOUR.	HERBAGES et prairies naturelles.	PRAIRIES artificielles.	BRUYÈRES, Friches, bois, Terres incultes.		VACHES à lait.	BOEUFS et Vaches de graisse.	CHEVAUX, Juments, Poulains.	MOUTONS	Jeunes élèves de l'espèce bovine.	
	h. a. c.	h. a. c.	h. a. c.	h. a. c.	h. a. c.						
Anceins	714 96 70	239 17 30	14 »» »»	»» »» »»	1232 60 60	139	»»	83	889	53	1164
Bocquencé	576 70 »»	268 22 »»	10 40 30	145 81 60	990 93 90	68	6	45	460	140	720
Couvains	830 58 10	337 84 40	54 »» »»	119 91 »»	1348 83 70	140	»»	66	880	66	1146
Ferté-Fresnel (la)	319 82 40	131 92 90	12 »» »»	»» »» »»	746 17 80	40	7	63	300	15	490
Gauville	1094 93 20	571 51 10	25 »» »»	463 5 30	2154 49 60	230	»»	105	650	65	1050
Glos-la-Ferrière	768 64 80	383 98 50	40 »» »»	68 39 30	1221 2 60	130	»»	90	1000	110	1330
Gonfrière (la)	663 25 90	388 39 70	5 »» »»	189 32 90	1245 98 50	210	2	82	550	60	904
Heugon	955 95 50	446 95 30	10 »» »»	159 65 90	1559 30 30	50	10	50	300	40	450
Marnefer	278 19 10	77 63 20	7 »» »»	51 28 »»	412 14 30	41	»»	34	315	27	417
Monnay	955 48 40	355 5 40	15 »» »»	221 75 35	1547 28 15	98	16	84	1030	80	1308
St-Évroult-N.-D.-du-Bois.	223 72 90	734 46 10	1619 16 60	822 64 80	3400 »» 40	180	»»	170	100	235	715
St-Nicolas-des-Laitiers.	374 94 70	193 9 »»	5 47 90	125 13 10	698 64 70	84	5	30	306	118	598
St-Nicolas-de-Sommaire.	925 87 80	400 45 90	20 »» »»	232 10 70	1578 44 20	226	»»	48	1820	»»	2094
Touquettes	158 81 30	403 15 20	»» »» »»	»» »» »»	974 2 »»	59	13	21	60	»»	239
Villers-en-Ouche	809 »» »»	196 »» »»	54 »» »»	24 »» »»	1090 »» »»	100	»»	150	900	200	1250

www.ingramcontent.com/pod-product-compliance
Ingram Content Group UK Ltd.
Pitfield, Milton Keynes, MK11 3LW, UK
UKHW021100260726
13994UKWH00002B/617